# MY HOPPY *story*

［マイ・ホッピー・ストーリー］

「HOPPY HAPPY AWARD」実行委員会 編

都市出版

# 人は、つながって、幸せになれる

ホッピーは誕生以来七十余年、人と人とのつながりから広めて頂いてきた飲みものです。中堅企業の端くれである私たちには、大きな広報活動の予算もノウハウもありません。ホッピーの飲み方は、例えば親から子へ、先輩から後輩へ、上司から部下へ、人から人へと口伝で広まっていきました。だから沢山のドラマがあります。

これらを集めて形にしたいとずっと思っていました。ホッピーの歴史はもちろんのこと、僭越ながら日本の酒文化史の一面を浮き彫りにできるかもと思っていたのです。ただ、単に本にするのではなにかひとつ欠けている気がして、踏み出せずにいました。しかし二〇一七年の暮れ、俳優であり日本にショートショートフィルム（SSF）の文化を根付かせ、日本をアジア最大のSSF大国にまで育てられた別所哲也さんとのご縁をいただいたとき、ようやくミッシングピースを見つけた思いがしました。そこから『MY HOPPY STORY』が一気に動き始めたのでした。

ホッピー七十周年プロジェクトとして始動した本企画。翌年一年間で集まった作品は想像を遥かに超え、七百編以上となりました。その中から優れた作品を選ぶプロセスもまた、大変に楽しいものでした。ホッピーがこんなふうに思われていたんだという発見、例えば「ホッピー合コン」という発想にも驚かされました。選考委員をお受けくださった各界の錚々たる先生方の熱さにも感銘を受けました。ドリアン助川さんの選考基準は「作品にホッピー愛があるかどうか」でした。「本当にホッピーが好きか、読んだらわかる」と、あたかもご自分のホッピー愛がベンチマークかのように仰ってくださり、有難く感じておりました。

SSFというわずか十分の世界も新たな発見で、とても大きなパワーを感じました。この時代に求められる表現方法の一つだと感じ、別所さんよりお仕事を通じて多くのお教えをいただいております。

作品を通じて、多くの皆さんのホッピーへの思いが顕在化していくことにワクワクすると同時に、ホッピーが七十年を越える歴史を刻むことができたのは、星の数以上のホッピー応援団の皆様の「ホッピー愛」のお陰様だとリアルに感じることができました。心より深く感謝の念を捧げます。

二〇二〇年のコロナ禍で私たちはいきなりつながりを分断されました。改めて、人と人とのつながりがとてもかけがえのない大切なものであることを、私たちは再認識できたと感じています。そのつながりにホッピーも微力ながら貢献させていただいていることを、この本を通して教えていただき、大変にありがたく思っております。ホッピー応援団の皆様の愛がギュッと詰まった本誌をお手に取りつつ、オンラインでもリアルでも、仲間と、家族と、大切な人と、ホッピーをお楽しみいただけたらと考えます。これからもホッピーは皆様の幸せとつながりを作るお手伝いをさせていただき、その灯火を八十年百年と大切に後世へとつないでまいります。

最後に、ご応募くださった全国七百余名の皆様、選考委員をお受けくださった先生方、別所哲也様、ショートショート実行委員会の皆様、私をじっと待ってくださった都市出版高橋栄一社長様、ご担当くださった久﨑彩加様に心からの感謝を捧げます。

機会があれば、ホッピー応援団の皆様の中に眠る更なるホッピー物語を聞かせていただく場があったらこの上なく幸せだなと妄想しつつ。

令和二年七月吉日　ホッピー七十二年の初夏に

ホッピービバレッジ株式会社
代表取締役社長
**石渡美奈**

港区 赤坂

# 鳥通

## 備長炭で焼く焼き鳥を、
## 歴史を感じる赤坂の老舗で

発 泡
麦芽発酵飲料
Hoppy
ホッピー
ホッピー
HOPPY

調布市

# 一心

## 手作りのやさしい料理と三冷ホッピーを堪能

葛飾区 立石

# 酒処 秀

## 赤ちょうんが誘う
## 樽ホッピーの店

ホッピー
ホッピー
ホッピー
ホッピー

ハムかつ
メンチかつ
コロッケ
ポテトサ
マカロニサ
大根サ
HOPPY

ホッピー
HOPPY

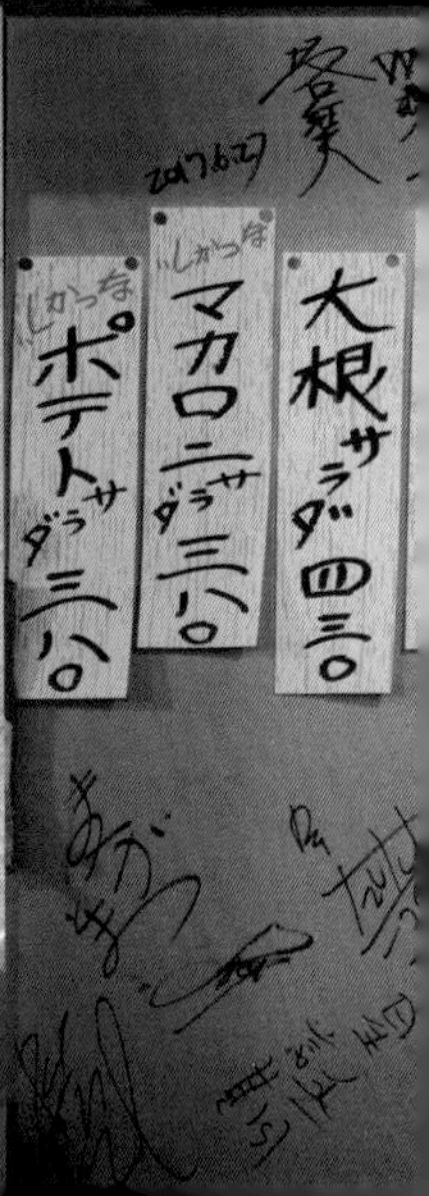
ポテトサダラ三八〇
マカロニサダラ三八〇
大根サラダ四三〇

大阪市

## 江戸 幸

### 店主が注ぐホッピーを飲みたくて、何度も通ってしまう

撮影・泉大悟

クリームコロッケ
鯨ベーコン
ウインナー
あつあげ
出し巻
しょうが天ぷら
さわら西京焼き
大阪オムレツ
さんまササ干し
ゲソ唐揚げ
カレーにゅう麺
粕汁
なす煮
たらこ
カレイ煮付け
白子ポン酢
あなご塩焼き
ホッピー
HOPPY

# 目次

## 我らホッピーファン



イラスト・吉井みい
カバー絵・大宮エリー「桜III」

## 「MY HOPPY STORY」公募作品について

ホッピービバレッジ株式会社は、米国アカデミー賞公認、日本発・アジア最大級の国際短編映画祭「ショートショート フィルムフェスティバル&アジア」による短編小説公募プロジェクト「ブックショート」と協賛し、「HOPPY HAPPY AWARD」を立ち上げました。二〇一八年のホッピー発売70周年を記念して、ホッピーにまつわるショートストーリー「MY HOPPY STORY」をテーマに、短編小説・エピソードを一般公募。選評委員にドリアン助川氏、羽住英一郎氏、三浦しをん氏、渡辺憲司氏を迎え、映像化するショートフィルムカテゴリ優秀賞、ブックカテゴリ優秀賞、佳作10作品を選出しました。本書にはこの12作品が収録されています。

# 選評

ドリアン助川
作家、詩人、歌手
明治学院大学国際学部教授

ホッピーそのものは酒ではない。焼酎や好みのアルコールをホッピーで割る。これによって「私だけの酒」を作り出せるオンリーワンな麦芽飲料なのだ。自分の酒を自分でデザインできる。ここがホッピーの最大の魅力なのだとボクは受け止めている。

ところが、その基本的なことがわかっていないのではないかと思われる作品が散見された。ホッピーをそのまま酒と解釈し、登場人物がホッピーのみで酔っぱらっているような描写が出てきてしまう物語だ。

ホッピー党のボクとしては、そうした作品は減点せざるを得なかった。ホッピーを題材にして書く以上、やはり飲んで、味わってから創作にあたって欲しいと思ったからだ。

そのような意味では、ブックカテゴリ優秀賞に輝いた『いつか指先で光る』にもあやしい部分がある。文芸の観点から捉えても、表現を深めて欲しい箇所がいくつかあった。しかし、それでもひとつの理由により、ボクはこの作品を強く推した。

それは、作品に命が宿っているという点だった。みずみずしい青春の命だ。

読者は活字によって表現されたその命を受け取り、自らの想像と創造によって若い季節を蘇らせながら物語を楽しむことができる。この作品はそこがとても良かった。ボクもまた、世間というものに対しうぶであった頃の視線を取り戻しながら物語に入りこめた。

語り手である「みなくん」が淡い恋心を抱くまゆさん。二十一歳の彼女の唇は、何かを威嚇するように濃い赤に染まっている。みなくんはすでにその唇に心を奪われているのだが、母親がそれを許してくれない。

この、親が望むスケールにはもう相容れなくなっている自分と、一種反道徳的な存在への憧れ。これが青春でなくてなんであろう。まゆさんは恋の対象であると同時に、きしみ始めたみなくんの世界のなかで、ノックしてもいいよと囁いてくれる次の一歩への扉でもあるのだ。恋愛への憧憬はここに極まる。

たとえば、眠れなくて歩いているみなくんが居酒屋で働いているまゆさんを偶然見つけるシーン。まゆさんが「帰りたくないの?」と問うてくるところや、次に引用したくだりにはやはり胸がときめくではないか。

『まゆさんの赤い唇にそっと瓶が触れる。なんだか俺はそれに触れたくてたまらなくなった。そっと手を伸ばすと、驚いたように大きな瞳がこちらを向いた』

唇の赤も、こちらを向いた瞳も、みなくんはその瞬間の記憶を一生持ち続けるだろう。ボクだけではなく、読者は体験的にそのことを知っている。そしてもちろん、みなくんが触れたかったのは瓶ではなく、まゆさん自身であったことも。

憧れから始まる遍歴のなかで、ベールを一枚ずつ剥ぐように見えてくる相手の姿は、すこしずつ知ることになる自分の感情の手触りでもある。よくわからない世間というもののなかにようやく付けることができた自分の足跡。そのようにも受け取れる。

この作品には、若い季節特有の煌めく、そしてはかなく消えて行く時間への描写が方々にある。とにかくそこが良かった。作者のその視線と才能に好感を持ったのだ。ただ、すこしロマンチスト過ぎて、ラストに近付いていくにつれて物語の抑制が効かなくなってしまったのだろうか。まゆさんが落としていった王冠からの再会がいささか大仰に感じられてしまったが、人間の毒や罪ばかりを書くのが文芸とされる風潮のなかで、この爽やかさがボクの心には新しかった。

青春のみずみずしさをこんなふうに書けるのは、年齢がいくつであれ、作者ご本人が微細なときめきを大事にされて生きていらっしゃるからであろう。その感覚のまま書き続けていって欲しいとボクは思った。

ブックカテゴリ優秀賞

# いつか指先で光る

森な子
21歳・神奈川県・会社員

俺がまだ高校二年生だった時、母と二人で住んでいたアパートの隣の部屋で暮らしていたのがまゆさんで、彼女はいつもふんわりとお酒の匂いがした。

まゆさんは赤みがかった派手な茶髪のショートヘアに、思わずぎょっとしてしまうくらい大きくて丸い目を持った若い女の人で、何かを威嚇するように濃い赤に染まった唇が印象的だった。近寄りがたい雰囲気とは打って変わって、たまに出くわして挨拶をすると楽しそうに笑って「うける、礼儀正しい！こんにちは！」と返してくれた。

母はまゆさんのことが嫌いなようだった。隣の部屋に、あんな得体のしれない女が住んでるなんて、とブツブツ文句を言う横顔が醜くて悲しかった。俺は、いくら俺がおはようと言っても、ただいまや、おやすみを言ってもロクに返事もしないような母より、挨拶をすればにっこり笑って返してくれるまゆさんの方がよっぽどいい、と思っていた。

「みなくんのママ、私のこと嫌いだよねー」

ある日、バイト帰りに出くわしたまゆさんは、「ほれ、奢っちゃろう」と言いながら自販機でおしるこを買ってくれた。自分は酒瓶を片手に、直接それに口をつけてごくごくと水のように飲んでいる。

「まゆさん、そんな飲み方して、大丈夫なんですか？」

「大丈夫、大丈夫。これは魔法のお酒だからね。あんまりきつくないのだよ」

陽気なフォントでホッピー、とかかれたそのお酒を本当においしそうに飲みながら、まゆさんは笑った。

俺はまゆさんのことが好きだった。

まゆさんはいつもにこにこと、いや、むしろへらへらと、というべきか。とにかくいつも笑みを浮かべている。そのふらついた感じが世間から見たらきっと不誠実で、ともすれば所在なさげに見られるということもなんとなくわかった。わかったうえでまゆさんのその、のらりくらりとした感じがどうしようもなく好きだった。

「こんな大人になっちゃダメだよ」

まゆさんはいつも俺にそう言う。その言葉を発する時はなぜかいつも寂しそうで、けれどそういう感情を絶対に悟られまいとして、すぐにまた軽口を叩き出す。

「どうしてですか。俺はまゆさん、素敵だと思います」

「君くらいの年頃の子が、こういうわけのわからない、けれどなんだか自由そうで楽しそうな大人にひかれる気持ちはよぉくわかる」

私もそうだったからねえ、とまたお酒に口をつける。

「でもさ、なってみたらわかるけど……意外とさ」

そこで俺たちの住むアパートに到着した。タイミングが悪いことに、母がパートから帰ってくる時間と重なってしまったので、俺たちは真冬の凍えるような空の下でものすごく気まずい雰囲気になった。

「あっども！こんばんは！」

まゆさんが明るく挨拶をする。母はまゆさんのことを本当に冷たい目で見て、それからぺこっと会釈をして「湊、こっちへ来なさい」と俺の腕を引いた。まるで良くないものから引きはがすように。

「え、あ……おやすみなさい、まゆさん！」

俺が言うと、まゆさんはいつも通りの笑顔で「おやすみー」と手を振ってくれた。

母は家の中に入るなり、不機嫌そうに荷物を置いて、わざと大きな音を出して冷蔵庫の扉を閉めたり、食器に触れたりした。

「お隣の人と、あんまり関わらないでって言ったでしょう」

もうほとんど泣きそうな口調でそう言われてしまったものだから、俺はなんだか悪いことをしてしまったような気持ちになった。

両親は二年前に別れた。父の浮気が原因だった。父が好きになったのは派手な若い女の人で、きっと母はまゆさんを見るとそういう辛いことを思い出すのだろう。

「あんな、派手な口紅つけて、短いスカートはいて、ろくでもないに決まってる」

母はまるで自分に言い聞かせるようにそう言った。きっとまゆさんを、いや、世の中の若くて派手な女性をすべてろくでもないと決めつけて恨むことで、母の中にある父への抱えきれない思いは少し楽になるのだ。そういう風に凝り固まってしまった母のことを本当に可哀想だと思う。

よく知りもしない他人のことを一方的に決めつけて評価をすることの卑しさに、俺はもうまいってしまっていた。母だけでなく、世の中は驚くことにそういう偏見で満ちていた。

「毎日お酒飲んで楽しく過ごしたいだけなのにな—」

まゆさんはある日そう言って、夜空に向かって手を伸ばした。「あっオリオン座！」と無邪気に笑う横顔。

「まゆさんっていくつなんですか？」

お互いのバイトや仕事の終わり時間が被《かぶ》り出くわした夜は、なんとなく公園のベンチでおしゃべりするのが俺たちの定番になっていた。まゆさんは「女の人に年齢聞くなんて、モテないよ」とけらけら笑った。

「何歳に見える？」

「そういうのいいですから」

「つれないなあ。二十一だよ」

「え、そうなんですか」

「なに、意外だった？」

「二十五くらいだと思ってました」

言ったと同時にチョップが飛んできた。自分でも今のは失礼だったな、と自覚があったので「す、すみません」

と即座に謝った。

「いや、老けて見えるとかじゃないんです。なんていうか……まゆさん、おちゃらけて見えるけど、落ち着きはあるから。二十一って、え?大学生ですか?」

「違うよ。私中卒だもん」

まゆさんは相も変わらずいつものお酒を飲んでいる。ホッピー。もうすっかり名前を憶えてしまった。

まゆさんはしばらく黙って、「あんま言いたくなかったんだよね。馬鹿にされるから」と、どうでもよさそうな顔をして言った。本当にどうでもいい、と思っているからではなく、色んな言葉や、視線をもうずっと浴びてきて、その末にどうでもいい、と諦めてしまったような、そんな表情だった。

「じゃあ、俺くらいの年の時には、もうお金を稼いでたってことですよね?」

「そうなるね。私がみなくんの年齢の時はもう、一人暮らししていたね」

「それって……めちゃくちゃ立派じゃないですか!」

言うと、まゆさんは驚いた顔をしてこっちを見た。俺はしまった、と思って口を閉じた。あんなに凝り固まった母がそばにいるのに、俺はまゆさんが今までどんな偏見を受けてきたのか想像できず、無神経なことを言ってしまった。そのことに対して顔を青くしていると、まゆさんは今まで俺に向けてきたごまかすようなおちゃらけた笑顔ではなく、本当に綺麗に「ふふ」と笑った。

「え……」

「そのまま大きく、健やかに育ってね。まゆさんとの約束」

まゆさんはそう言って、今度はいつも通り笑った。

四つしか年は違わないのに、どうしてこんなに遠く思えるのだろう。従妹にまゆさんと同じ二十一歳のお姉さんがいるが、全然違って見える。まゆさんはどんな人生を歩んできたのだろう。どんなものを見て、どんなものを聞いてきたらあんな風に寂しさがぎゅっと一つに固められたような表情が浮かぶようになるのだろう。

その日、俺はなんだか寝付けなくて、物音をたてないように静かに家を出て夜の街を散歩した。昼間とは打って変わってよそよそしい雰囲気の街並み。まゆさんが無邪気に手を伸ばした夜空。

しばらく歩くと飲み屋街が見えてきた。普段の自分ならとっくに眠っている時間に、働いている人がいる。あるいは、お酒を飲んで笑っている人がいる。なんだかいいな、そういうの。俺は、暖簾から漏れる店の灯りをぼんやり眺めながらそう思った。

しばらくぼんやりしていると、聞き慣れた声が一軒の居酒屋から聞こえてきた。まさか、と思いつつそっと覗いてみると、そこにはエプロン姿のまゆさんがいた。気立ての良い笑顔を浮かべて、お客さんに料理を出したり、時には何か調理をする素振りを見せている。

さっき、一緒に家まで帰ったのに、なぜ?こんな遅い時間に?

ぽかんとして見つめていると、不意に店の中にいるまゆさんと目が合った。彼女は心底驚いたように目を見開いた後、慌てて中から出てきて「なにしてんの、こんな時間に！」と叱るような口調で俺に言った。

「あ……眠れなくて」

「眠れなくて、って……もう、不良じゃん！」

まゆさんは安心したように笑った。夜中に出歩く、ということに、ほかになにか、悪い理由を知っているようだった。

「帰りたくないの？」

心配するような優しい声色でそう言われて、帰りたくない？とまゆさんの言葉を胸の中でなぞった。特にそんなことはない、と思う。けれど思考とは反対に俺はこくん、と一度頷いていた。まゆさんは「そっか、わかるよ！」と笑って、俺の腕を引いて店の中に引っ張った。

「おばさん、この子、私の弟なんですけど、遊びにきたみたいで。ちょっと隅においておいてもいいですか？」

「あら！まゆちゃん、弟いたの！」

「なんだあ？似てねえなあ！」

「弟は姉ちゃんに似ず、おとなしそうだなあ」

店の中が笑い声に包まれて、俺はなんだか萎縮してしまった。けれどみんな、すぐに俺から興味がなくなったように自分たちの世界に戻ってゆく。「ゆっくりしてね。何か食べる？」とお店のおばさんに聞かれて、「あ、いえ……大丈夫です」と小さく答えた。

お店の中はごちゃごちゃしていて、けれど妙に落ち着きがあって、優しいかんじがした。きょろきょろと辺りを見回す俺に、まゆさんが笑いながら「ほれ、お味噌汁」と温かい器を差し出した。いつの間にかエプロンを脱いでいる。

「あ……ありがとうございます。お仕事、終わりなんですか？」

「かわいい弟が遊びにきてくれたんだから、休憩しなってさ」

ぱっと顔を上げると、お店のおばさんがにこっと笑ってくれた。

じゅうじゅうと魚が焼ける少し焦げ臭いような匂い、がはは、と大きな声で笑うおじさんたち、ふんわり香るお酒の匂い。全てが非現実的だった。まゆさんは横でいつものお酒を飲んでいる。

「仕事中なのに、いいんですか？」

「いいのいいの。これは魔法のお酒だから」

「またそれですか」

まゆさんの赤い唇にそっと瓶が触れる。なんだか俺はそれに触れたくてたまらなくなった。そっと手を伸ばすと、驚いたように大きな瞳がこちらを向いた。

「なに、君も飲みたいの?」

「え……あ」

「ダメだよ。お酒はハタチになってから!」

君はこれで我慢ね、とまゆさんは俺に味噌汁の入った器をぐいぐい押し付ける。

心臓がドキドキと激しく波打っているのがわかった。俺は今、何に触れようとしていたのだろう。酒瓶?違う、きっと違う。まゆさんに触れようとした。触れてどうしたかったのだろう。

「あ、あの……」

「ん?」

「さっき、一緒に帰ったじゃないですか。なのに、どうしてまた働いているんですか?」

「ああ。昼間はドーナツ屋でバイトして、一回家に帰って一息ついたら夜は居酒屋で働いてんのよ」

「は?」

「あれ?前にあげたじゃん、ドーナツ」

「え、いや、貰いましたけど……そうじゃなくて」

「前は契約社員で事務仕事とかやってたんだけどね。でも辞めたの」

それ以上聞いてこないでほしい、というかんじがしたので俺は黙った。

俺はまゆさんを守りたいと思った。毎日一日中働いて、あのぼろいアパートに帰ってきて眠って、それでもいつもにこにこ笑っているまゆさん。けれどまゆさんは一人で生きてきた人、というかんじが悲しいくらいにした。

俺みたいなのに守られずとも、自分で自分をちゃんと守って生きてきた人。自分の幼さや無知さが急に恥ずかしくなってうつむいた。

「みなくんが二十歳になったら、一緒に飲もうね、これ」

「え」

そう言ってにっこり笑うまゆさんに、俺は何も言えなかった。ただ情けなく「……はい」と頷くしかなかった。

それからしばらくして、まゆさんはアパートからいなくなった。

「隣の人、借金抱えてたらしいわよ。ほら、やっぱりろくでもなかった」

母が本当に軽蔑したようにそう言うのを聞き流しながら俺は、優しく笑う、けれど寂しそうな美しい横顔を思い浮かべた。まゆさんの家の前に硬貨のようなものが落ちていたので、ひょいと拾い上げるとそれはお酒の王冠だった。まゆさんがいつも飲んでいたあのお酒。俺はそれをそっと撫でてポケットにしまった。

俺の幼い恋心に、あの人は気づいていただろうか。気づいていたからあんなにのらりくらりと微笑んでいたのかもしれない。これ以上俺が自分に踏み入ろうとしないようにと。

俺は高校を卒業して、進学はせず働きに出て、安いアパートを自分で借りて、一人暮らしをはじめた。母と何かと折り合いがつかず、ついに出て行ってくれとまで言われてしまったのだ。

なにもかもがはじめてのことづくしで目まぐるしい日々。一人暮らしをはじめるのは本当に大変だった。内見を重ね、保険に入ったり入居審査をされたり、アルバイトをして必死に貯めたお金が湯水のように消えていって辛かった。まゆさんも同じ思いをしたのだろうか。まだ十六か十七の幼いまゆさんが、独りぼっちの静かな部屋で、いつか見た寂しくてねじ切れてしまいそうな顔でたたずむ姿を想像して、俺はなんだか胸がいっぱいになってしまった。

社会人一年目はとにかく慣れるのに必死で、気づけばあっという間に時間が過ぎた。理不尽だと思うことも、嫌になることもたくさんあった。けれどそういう時、ポケットにしのばせた王冠にそっと触れると気持ちが落ち着いた。

自分が当時のまゆさんと同じ年齢になっても、俺の中から彼女の存在が消えることはなかった。ただ彼女に会いたかった。

ある日、職場の先輩に連れられて訪れた飲み屋街。すでに酔ってできあがっている先輩たちの後ろについていると、一軒の店が目についた。ホッピー、と書かれた提灯がいくつもぶらさがっているその店。少し開いた窓から店の中が見える。小さな後ろ姿がテーブル席を丁寧に拭いていた。

世の中の喧騒から切り離されたように思えた。心臓が面白いくらいに跳ねている。先輩たちの声がどんどん遠ざかっていくのがわかる。

おそるおそる戸を開けると、小さな背中が振り向いた。

「すみません、まだ準備中で……」

「まゆさん」

呼びかけると大きな瞳が驚いたように見開いた。俺たちはしばらく見つめあっていた。何時間とも思える時が過ぎ、まゆさんがふいに「ぷっ」と吹き出して、

「うける、みなくんじゃん！」

と笑った。その大らかな感じが本当に懐かしくて、情けないことに俺は涙ぐんでしまった。「えっ泣いてる!?大丈夫?」

「……まゆさん、どこ、どこに」

「え?」

「どこに、行ってたんですか」

まゆさんは困惑しているようだった。当たり前だ。久しぶりに再会した、ちょっと近所に住んでいただけの男

の子が、急に泣き出したのだから。

「えっと……とりあえず、座って！」

まゆさんは俺をテーブル席に座らせて、それからお店にお客さんが間違って入ってこないように準備中の札を店の前につけた。

「いやあ、久しぶりだねえ。立派になって、スーツなんて着ちゃってさ。あれ？学生じゃないの？」

「はい、もう働いています」

「そっか。まだあのアパートにいるの？」

「いえ、今は一人暮らしで」

「そう」

まゆさんはコップを二つ出して、いつか天界の水のようにごくごくと飲んでいたお酒の瓶を取り出した。

「じゃあ、乾杯しよう！再会を祝って」

相変わらず明るい声色。おちゃらけたような笑い方。そういうものが、すぐ隣にある。そうして、いつか見ているだけだったその飲み物を一緒に飲んでいる。

「まゆさん、あの」

今、どうしているんですか？

「好きです」

言おうとしていた言葉より先に思いが滑り落ちた。あ、と思った時にはもう遅い。まゆさんはびっくりした顔で俺を見ていた。泣きそうでもあった。困らせたかったわけじゃない。ただ会いたかったのだ。

まゆさんは気持ちを落ち着かせるようにホッピーに口をつけた。焼酎割りなのでお酒の匂いが強く感じる。

「聞いたでしょう、みなくん、お母さんに」

「え？」

「あの時、借金があったの。私が作ったものじゃなくて、父が作ったもの」

しん、と店中が静まり返った。まゆさんの声は落ち着いていた。

「って言っても、もう返し終わったけどね。中卒で働いている時、周りに色々言われたの。何も言っていないのに、体売ってるんでしょとか、女は楽に金が稼げていいね、とか」

頭をガンと殴られた気持ちになって、それから、はらわたが煮えくり返りそうになった。

「そういう偏見が、世の中には本当にたくさんあるのよ。知ってる？私本当に悔しかった。女だから、中卒だから、そういう理由でよく知らない他人に色んなこと言われた」

俺は何も言えなかった。働いて、成人して、もう自分のことを大人だと思っていたが、まゆさんの前ではそういうものがすべて吹き飛んでしまう。

「私、もう傷つきたくないの。ただそれだけ。泣きたくないの」

縋りつくような瞳に思わずたじろぐ。泣きたくないと言い切るまゆさんの瞳は既に涙で濡れていた。

「あの、俺……」

「ごめん、困らせちゃったね」

俺が何か言おうとするのを遮って、まゆさんは笑った。明るい笑み。ごまかすような話し方。俺は咄嗟にポケットの中をまさぐって、こつんと指先にあたったその冷たい王冠を取り出した。

「なに、それ」

「これ、まゆさんの家の前に落ちていたんです」

まゆさんは驚いた顔で俺を見た。俺は、何かに突き動かされるように言葉を続けた。

「お、俺、お守りみたいに毎日これを持っていました。俺、気が利かないし、なによりあなたからしたらまだガキだし、もしかして馬鹿なこと言って泣かせちゃうかもしれないけど、でも、世界中で、こんなに毎日祈るようにホッピーの王冠を握っていたの、きっと、俺くらいしかいないって思いますっ」

ぜぇぜぇとなぜか息切れしながら言い切ると、まゆさんは驚いた顔をしてしばらく黙った。それから少し笑ったかと思うと、顔を覆って泣き出したので、俺は自分の顔がサッと青くなるのを感じた。

「……それ、ちょうだい」

「え？」

まゆさんは俺の手にそっと触れてホッピーの王冠を取った。唖然として見つめていると、本当に呆れたように、けれどどこか嬉しそうに「ばかだねえ」と一度言って、

「ばかだねえ」

と、やっぱりどこか嬉しそうに、もう一度言った。

俺は、なぜだかよくわからないが、もう大丈夫だ、と思った。まゆさんも、俺も。そうして二人、会えなかった時間をうめるようにお酒を飲んだ。

まゆさんが手のひらで転がす王冠が、きら、と光った。それを見て俺は、あ、指輪、買わなきゃ、と、酔って少しぼんやりとした思考の片隅でそう思うのだった。

ショートフィルムカテゴリ優秀賞

# 願いのカクテル

微塵粉
33歳・千葉県・接客業

おまえたちが喋るようになって、どれくらい経つかな。

そんなことどうでもいいんだよ。それよりこいつのタレが俺のほっぺに付きそうだからよ、離してくれよ。甘ったるくてベタついて。冗談じゃねえや。

軟骨が言うのだ。

骨野郎はいつも文句ばっかりだよな。少し黙ってらんないのかよう、この堅物。唐変木。

つくねが言うのだ。

難儀やわあ。

切り干し大根が言うのだ。

そっと、軟骨串を手に取って一片を頬張る。コリコリとした咀嚼音に溶け入るように、その声は萎んでゆく。いいかあいつとは離して置くように。塩焼きのプライドってのがお……。

嚥下すると声は完全に途絶える。なるべくつくねとは距離をとるようにして、私は串を皿の上へ戻した。

そおそお。それでいいんだよ。

残りの軟骨が言うのだ。

一人酒の極みだ、と今では前向きに捉えることにしている。それにこのつまみ達、口は悪いがなかなかどうして気の良いヤツらなのだ。無論、私が生み出した幻聴なのだからいわば私自身のようなものなので、それも当然の話なのだろうが。

当然当然。当の然だよ。さ、頬張って。そら、頬張って。

つくねは噛むとほろほろとほどけ、甘辛いタレと混ざり合って私の口内に広がってゆく。すかさずビールを流しこむ。溜息が洩れる。

アルバイトを始めてからだから、ええと。

私が定年を迎えた年、それを見届けるようにして妻が逝った。ささくれ立った悲しみも、やがては凪ぐようにして静まってゆく。時の経つことの有り難みを、恐ろしさを、味気なさを感じながらどうにかして平静を取り戻すと、自分がその『時』を持て余していることにはたと気づいた。

月に一度様子を見にくる息子が目を見張るくらい、私は家事が得意だった。炊事洗濯掃除、妻の幻影を追うようにしてこなしていった。それらが一段落すると、テレビを眺めたり新聞を読んだり、妻の遺影と目を合わせ物思いに耽ったり、半分眠っているような時間が訪れる。その、言ってしまえばしまりのない状態が一日を占める割合が日に日に増えていくにつれ、ジリジリと老いが忍び寄ってくるような心持ちになってきたのだ。生活に緩急をつけねば。ボケるにはまだ早い。急いでコンビニへ向かい求人誌を手に取ったものだった。

そうして、電車で二駅バスで十分ほど行ったところにある食品工場で働き出した。ベルトコンベアに乗って流れてくる弁当の容器におかずを詰めていく仕事だ。唐揚げヒレカツコロッケ生姜焼き。淡々とした作業だったが、それでも私にとっては気分転換になった。

「お待たせしました。里芋煮です」

それからよね。

里芋が言うのだ。

それからよ。あなた一人で呑むようになったの。ほんとはね、職場の人を誘いたいんだけど、人見知りだし仏頂面してるから距離置かれちゃって。まあ殆どが日本語もままならない外国の方だしねえ。

難儀やねえ、と切り干し大根。

アルバイトにも大分慣れてきて、帰り道に居酒屋へふらっと入ってみたのだ。会社勤めの頃は一人酒、しかも店で呑むなど考えたことも無かったのに、不思議なものだ。緊張して暖簾をくぐり、ビールとそら豆を頼んだ。久しぶりに呑むビールの旨かったこと。それでそら豆に手を伸ばした時に声が聞こえてきた。夏がきますね、とかなんとか言ったんだ。あの時は驚いたなあ。あれは二年、いや三年前か。場合によっては四年前かもしれない。

生ビールのお代わりを頼もうとすると、威勢の良い「いらっしゃいませ」の掛け声に迎えられて中年の男女が店に入って来た。夫婦のようだった。二人とも両手に紙袋を持ち、私が座るカウンター席の右隣によっこら、と腰を下ろした。

「疲れたなあ今日は」小太りの夫は荷物を床に置くと、おしぼりでゴシゴシと顔を拭った。

「一通り買い出しできたわね。ああお腹空いた」店員を探すふりをしてちらりと見やると、奥さんはなかなか品のある佇まいをしていた。ベージュのセーターの襟元に付いた赤い花飾りが目に鮮やかだ。ニコニコとメニューを眺める柔らかな雰囲気が、どことなく妻を思い出させる。

「おっ。ホッピーがあるぞ。すみません、ホッピー二つ。白ね」

ちょっと、あたしのまで勝手に決めないでちょうだいよ。いいじゃないか、呑むだろホッピー。まあ呑みますけど。わはは。ふふふ。

結構結構。仲睦まじき中年夫婦。微笑ましいじゃないか。微笑ましくて懐かしく、そして……。

羨ましいのさ、と宣《のたま》うつくねをまた一粒頬張る。ビールを頼みたいのに隣の会話が妙に気になり、私はじっとして耳をそばだてた。

「おまじない、しないとね」

「もちろんだよ。その為にホッピーにしたんだ」

「なんだか久しぶりじゃない」

「引退してから外で呑む事も減ったからなあ」

引退と言う言葉にどきりとする。この男も定年を迎えているのだろうか。それにしては私より幾分若く見える。いや、若々しいといった方が適当か。ところでおまじない、とは何の事だろう。

店員が夫婦のそばへやって来て、盆に載せたものを次々とカウンターの上へ移していく。お通しの切り干し大根。焼酎と氷の入ったグラスには黒いマドラーが刺さっている。そして茶色いホッピーの瓶。

ありがとう、と店員に礼を言ってから、夫は身じろぎして姿勢を整えた。背筋を伸ばし、真剣な表情で息を吐いてから柏手を打った。ぱん、ぱん。

「この街での生活が、良きものになりますよおに」そうしてホッピーをグラスに注ぎ始めた。

奥さんの方は黙っていたが、どこか嬉しそうな表情で自分のホッピーを作っていた。

「乾杯」夫は背筋を伸ばしたまま仰ぐような格好でグラスを傾けそれを呑みだした。目を閉じ、ごくりごくりと音が聞こえてきそうなほどに喉を隆起させた後、深く伸び伸びとしたため息を吐きながら、既に中身が半分ほどになってしまったグラスをゆっくりと置いた。「ああ。涙が出る」

徹頭徹尾どこか儀礼的なその様子に私の目は釘付けとなった。彼の向こうにいる奥さんと目が合いそうになったので慌てて顔を背ける。

なんて旨そうなんだろう。私もホッピーにしてみようかな。しかし今頼んだら真似をしたと思われるに違いない。もう少し時間を置くとするか。そんなことを考えながら切り干し大根をすすった。難儀や、と聞こえた。

それにしても、あの願掛けは一体なんだ。今はああするのが流行りなのだろうか。そう言えばホッピーって長いこと呑んでないものなあ。いいじゃないか、酒に願いを込めてそれをグビグビと呑んでしまうなんて。縁起も良さそうだ。

あなたたなら、と里芋が言う。

あなたたなら、なにを願うの。

そうだな、なんだろうな……。思いを巡らしていると、皆が口々に好き勝手言い始めた。

腰痛が治りますように、ってのはどうだ。腰より肩の方がいいんじゃないの。いや最近は足もやばいぞ。難儀やわあ。じゃあ全身治りますように、はどうだい。それはなんだか強欲な気がするな。難儀よお。最近、妙に咳をしてるよな。痰がからむのよ年だから。もう若くないんだから。願い事もパッと思いつかないくらい耄碌《もうろく》しちゃって。難儀。爺さんだね。爺さん爺さんお爺さん。

うるさいんだよ。

お爺さんお爺さんと繰り返す、小憎たらしいつくねを私は睨みつけた。最後の一粒が串に残っている。ようし、お前は全身に七味をまぶして食ってやるかな。

串から外そうとつくねを割り箸で挟んでも、抵抗するかの如くそれはびくともしないので、私は串の持ち手の部分を割り箸で挟み込み、力を込めて思い切りスライドさせた。

さいなら、と聞こえた。

つくねは勢い余って串から飛び出し、コロコロとカウンターの上を転がり、タレの轍《わだち》を描きながら隣にいる夫の左肘へぶつかった。

「すみませんっ」私が急に立ち上がったので、彼はこちらを見た。キョトンとした眼差しはカウンターの上に乗せた自身の左肘の方へ向かう。

「つくねを、あの、串から外そうとしたら飛んでしまってその」慌てふためく私をよそに、彼は声をたてて笑い始めた。

「なかなか生きのいいつくねですな。あっはっは」

「あの、タレが」彼の白いジャケットの肘のあたりに、微かにタレが付着していた。

「ん。ああ大丈夫ですよ。おしぼりで、ほら綺麗。ははは。安物ですからお気になさらず」

「申し訳ありません」「なんのなんの」

奥さんも私に笑いかけた。感じの良い夫婦の応対と気恥ずかしさによって、長らく凝り固まっていた私の口元はふにゃりと緩む。

「はは。ははは」

手を伸ばし、つくねを掴んで皿へ戻すとただいま、と聞こえた。カウンターに付いたタレの跡をおしぼりで拭きながら私は言った。

「今、つくねがただいまって言いました」

二人とも笑ってくれた。その和やかな雰囲気に背中を押されるようにして、私は少し勇気を出して言葉を繋いだ。

「あのう。ホッピーというのは今はそうやってするのが主流なのですか。願掛けというか。久しく呑んでないもので知らんのです。いやその、盗み見てたわけじゃないのですが、どうも気になりまして」

先に吹き出したのは奥さんだった。

「やだもう。あなたが変なことするから」そう言って夫の右肩をぱしっと叩く。「違うんですよ。こんなことするのはこの人だけ。昔酔っ払った勢いでホッピーに願掛けしたらいい事があったみたいで、ね」

恥ずかしそうにこめかみを掻きながら、彼は私の方へ体を寄せてきた。そしてまるで秘密を打ち明けるかのようなひそやかな声で言うのだった。

「あのね、当たったんですよ」

「はあ。何がですか」

「宝くじ」

「えっ。そりゃすごい」

「それもねえ……五万円。ふふっ。わっはっは」つられて笑ってしまう。

「五万円というのがいいでしょう、なんだかささやかで。それ以来ね、ホッピー呑む時は願いを込めるのですよ。

周りに勧めても誰もやりゃしませんがね。わはは。けどこれが意外と馬鹿になんなくて。なあ」

「本当にささやかなんですけどね、私の失くした指輪が見つかったり、旅行に行ったら素晴らしいお天気だったり。偶然、って言ったらそれまでですけど、本人も楽しそうだし、私もちょっぴり期待しちゃったりして」奥さんは手を口元に添えてふふっ、とおどけてみせた。

「いいなあ」思わず言葉が漏れ出た。自分でも驚くほど、素直な感想であった。小さな秘密を共有するかのようにして楽しんでいる二人も、ささやかな願いを叶えてくれるというホッピーも、そしてホッピーという剽軽《ひょうきん》な語感さえも。なんだか全部ひっくるめて、いいなあ。

「すみません、ホッピーをください。えっ。ああそうか、じゃあ白を」傍を通りかかった店員に私が告げると、二人とも嬉しそうな顔をした。「私も、呑んでみたくなりました」

ホッピーが来るまでの他愛ないやり取りですら、私には新鮮だった。酒場で見知らぬ人と話すことなど初めてだったし、そもそも会話を楽しむなんてこと自体が久しく無かったのだ。

ホッピーのセットが目の前に置かれたので、私は瓶を手に取った。

「あっ、それは願い事をしてからですよ。まずは焼酎に願いを溶け込ませてください。それからホッピーを注ぎカクテルを作るような気持ちで丁寧に混ぜてゆくのです。この行程は大事ですよう」

「こりゃ失礼。では」瓶を置き、男に倣って柏手を二回打つとなんだか楽しい気分になってくる。さて、何を願えばいいかな。問いかけてみたが、冷めた軟骨も、つくねも、つまみ達は皆黙ったままであった。なんだこんな時に。仕方ない、やはり健康面の願いにしようか……。そう思ったのも束の間、突然、強い衝動が胸の奥で弾けた。そしてその衝動に操られるかのようにして私の口はぎこちなく動き始める。

「つ、妻に。いつかまた、出逢えますように……」

言葉にしてしまった途端、妻の死に際の顔が、誤魔化していた感情が、現実のやるせなさが一気に押し寄せてきた。乾いたかさぶたがめくれていくようだ。孤独や寂しさを覆っていた赤黒い膜がぺりぺりと。剥き出しにされ、めまぐるしい感情の奔流に飲み込まれ呆然となった私は、祈るように手を合わせた格好のまま、手だけを震わせて硬直していた。

「奥さん、どうされたんですか」彼の声にはっとして我に返る。心臓が脈打ち、息が詰まりそうになるのをどうにか堪え、ゆっくりとそちらを向いた。

「いえ、もうだいぶ前に亡くなったんです。ただこう、ふとした時に、思い出すというか後悔というか」

「後悔、ですか」

「ええ。病院でね、最期の時に、握ってた私の手を妻が凄い力で掴んだんです。私の目を虚ろに見つめて。その瞬間、ああ今『愛してる』と言わなければ、と唐突に思ったんです。今までそんなこと一度も言ってやれなかったからかもしれません。それで口を開いたんですけどね、あ、から先がどうしても、どうしても言えなかったんです。恥じらってる場合などではないのに。結局、ありがとう、またな。なんて、偉そうな事しか言えなくて。そしたらね、妻がふっと微笑んだんです。少しだけ微笑んでから、死んでいったんです。その顔が忘れられなくて。死に際に微笑んでくれた彼女の優しさ、強さに比べて自分はなんて臆病な弱い男なんだろうと、何度も自分を恨みました。……その時の事がね、私にとって未だ心残りなんです。天国でも地獄でも、来世でもなんでもいいからもう一度彼女に会って謝りたいのです。謝って、今度こそ、思い切り『愛してる』と言ってやりたいのです」

私の話を、二人は何も言わず聞いていた。私は二人のその神妙な顔つきを見て冷静さを取り戻すと同時に、強い罪悪感に駆られた。

「ああっ、ごめんなさい。こんな話を見ず知らずの方に長々と。しんみりさせてしまって。……あのせっかくなので、乾杯してくださいますか」いたたまれなくなり、いそいそとホッピーを注ぎマドラーでかき混ぜた。

叶います。

彼はぼそっと呟くと私の目を強く見つめた。

「最初の願いは、きっと叶いますよ。私だって、宝くじ、当たったんですから。保証します。保証しますよ。う、うふう」試験管のような見事な曲線の鼻水が、彼の鼻孔から顔を出した。それがポトリと落ちたのをきっかけに、彼は俯いてしくしくと泣き始めた。

「あの。奥さんには伝わったんだと思いますよ。それで微笑んだんですよきっと。愛してると言えなかったあなたがいじらしくて、可愛くて。だから、笑ったんですよ」

奥さんの言葉にとうとう堪えきれなくなって、眼から涙の粒がこぼれた。手の甲で顔を擦りながら私は、ありがとうございます、と枯れた声を出した。

目を赤くした奥さんが夫にハンカチを差し出すと、彼はそれで思い切り鼻をかんだ。悲鳴があがる。きゃあ、何するのちょっと。ちょっとやめて。鼻かむならティッシュにしなさいよ。それいいやつなのよっ。その慌てぶりがおかしくておかしくて、私は大笑いしてしまった。実に気持ちの良い笑いだった。今日は泣いたり笑ったり大忙しだな、なんて思って笑っているとそれが二人にも伝染し、私達は馬鹿みたいに声を上げて笑い合った。

やがて、彼はハンカチを丁寧に折り畳んでからふう、と息を吐いた。

「よし乾杯だ。乾杯しましょう」

さっぱりとした軽い口当たりで、ホッピーは私が記憶していたよりもずっとずっと美味しかった。胸がぽっと温まっているのは、アルコールのせいだけではないだろう。

私達はそれから自己紹介もせぬままに、色んな事を話した。というより、殆どが私の話を聞いてもらうばかりであった。随分と赤裸々な話をしたように思う。一人きりの生活が寂しくて仕方ない事や、外国人だらけのアルバイトの話、趣味も生きがいも持てない虚しさを、時々言葉に詰まりながら話す私に、うんうんと頷きながら時々は笑いも交えつつ、二人は聞き続けてくれた。会話が進むにつれ、ホッピーの空き瓶が次々とカウンターの上に並んでゆく。一本、また一本とそれが増える度に、心のつかえが取れていくような気がした。

「そうだわ」奥さんはリウマチのつらさについてひとしきり喋り終えると、思いついたように言った。

「私だけ、お願いしてなかったわ。すみません、ナカとソト、両方くださいな」

運ばれてきたグラスに、彼女はやはり手を打ち合わせてから口を開いた。私はてっきり、リウマチの回復を願うのだろうと思っていたが、そうではなかった。

「こっちで新しい呑み友達ができますよおに」そう言うとちらりと私の方を見て微笑んだ。

「そりゃいいや」夫もそのグラスを拝みだし、目を閉じて言った。

「遅れましたが、近藤と申します。実はこの街には越してきたばかりで知り合いがおらんのです。それで、えと今日は日用品の買い出しなんぞしてきまして、この大荷物なのであります。よければこの街のことを色々と教えてください。お友達になりましょう。何卒、何卒宜しく」

奥さんはホッピーを注ぎ入れると、私にそのグラスを差し出した。

「良かったら、呑んでください。お近づきの印に」

私はマドラーでゆっくりとその中身をかき混ぜた。カクテルを作るように丁寧に、大切なものを扱うように。胸がいっぱいで、声が震えないようにするのが精一杯だった。

「穂積です。こちらこそ、宜しくお願い致します。本当に、今日はありがとうございます」ごくりと呑んだホッピーは、熱を持った私の胸を更に強く、ぽっぽぽっぽと温めた。

ふと、恥ずかしい台詞が頭をよぎる。言った方がいいのかな、でもなあ、とつい癖でつまみ達を眺めてしまう。彼らは何も言わない。おそらく、この先何も言うことはないのだろう。

さいならだ。さいなら、愉快な仲間たち。

後悔のないように、伝えなければな。私は近藤さんに向き直って言った。

「私はずっと、ずっと友達が欲しかったのです」

近藤さんは、できたばかりの私の友は、親指をぐっと立て、わっはっはと高らかに笑った。

佳作①

# ハッピー・アワー

間詰ちひろ
37歳・大阪府・会社員

「泣いてるヒマがあるんなら、もっと勉強しろ！」

お客様が吐き捨てるように言った言葉が、耳にこびりついて離れない。思い出しただけで、歩美の目頭はじんわりと熱くなる。

混み合った電車の中で泣くわけにはいかないと慌てて、膝の上に載せている鞄の中からハンドタオルを取り出す。汗を拭うふりをして、にじんでしまった涙を押さえた。

……悔しいけど、お客様の言っていることは間違っていない。早く勉強しなくちゃ。私は役立たずだ。

そうして、歩美は小さく息を吐いて、気分を変えようと鞄からスマートフォンを取り出したものの、ただピカピカと光るディスプレイをぼんやりと見つめていた。

堀部歩美は今年の春に大学を卒業し、地元のみなもと信用金庫で勤めはじめたばかりだ。みなもと信用金庫は多くの支店を展開し、地域の人々に多く利用されていると評判だった。

新入社員全員で受ける一ヵ月研修の後、各支店に配属された。先輩の指導のもと、日々の業務に当たっている。

新入社員にはそれぞれ指導係がつくようになっていて、日々の業務について細かく教えてくれる。歩美の指導係についているのは、みなもと信用金庫に勤めて六年になる二条初代だ。二条は、「久しぶりの新入社員が女の子だなんて嬉しい」と歩美をまるで妹のようだと言って可愛がってくれている。しかし、仕事に対しては日々、手厳しい。

「堀部さん、お客様の大事なお金を預かる仕事なんだから。よそ見しちゃダメ」と、口ぐせのようにぴしゃりと言い放つ。歩美は次から次へと出てくる「覚えるべきこと」がたくさんあって、毎日必死だ。

「仕事を覚えるには、実際にお客様の対応をするのが一番早いよ。知識も必要だけど、身体全体で覚えるしね」

二条はそう言って、歩美を窓口に立たせ、後ろから見守るという教育方針をとっている。そのおかげもあって、窓口に立って半年もすれば支払いにくるお客様への対応や、貯金の払い戻しなどはスムーズに行うことができるようになっていた。頻繁に訪れる近所のおばあちゃんとも、世間話を交えながら対応できるようにまでなった。

しかし、まだ複雑な案件、例えば遺産相続などについては歩美ひとりでは手に負えない。二条の助けを借りなければ、まだ処理できない手続きが多かった。

今日、歩美が怒らせてしまったお客様の案件も、遺産相続がらみの、かなり込み入ったものだった。厳しい目つきをした男性が、歩美の担当する窓口にやってきた。歩美の父と同じくらいの年齢だろうか。見るからに重そうな封筒をカウンターに差し出した。「書類が合っているか見てもらいたい」と言った口調からは、どこかイラついた様子がうかがい知れた。

歩美はとっさに二条の姿を探した。けれど、大きな声で電話対応をしている姿が目に入る。電話先のお客様は耳が遠いのか、何度も同じ説明を繰り返している。どうやら、すぐには助けにきてもらえなさそうだ。歩美はひとりでなんとかせねば、と腹を括り「書類を拝見させていただきますので、ソファでお待ちください」と案内した。

しかし、預かった必要書類はずっしりと重くのしかかるばかりで、歩美の知識では太刀打ちできるものではなかった。戸惑っている様子がお客様に伝わってしまい「こっちは時間割いてわざわざ足を運んでんだ。あんたじゃ頼りねえから、他のしっかりした人が見てくれよ！」と大きな声で怒鳴られてしまった。すみませんと蚊のなくような小さな声で謝ったことも、お客様の機嫌を損ねてしまったらしく「おい、こんな新人の小娘に担当させるな！　責任者呼んでこい！」とさらに荒ぶった態度をとられてしまった。

歩美は悔しくてたまらなかった。自分だけで対応できなかったこと。お客様を怒らせてしまったこと。泣いちゃいけないと心の中では必死にこらえようとしたが、耐えきれず、瞬きと同時に涙がこぼれてしまった。

「泣いてるヒマがあるんなら、もっと勉強しろ！」

その時、電話を済ませた二条が「お客様、大変失礼しました」と慌ててやってきた。歩美には「事務室に下がりなさい」と厳しい声で告げ、窓口から離れるように指示をした。

お客様から矢のように鋭く投げ掛けられた言葉に、歩美は自分の無力さを感じていた。まだ新人なのだし、わからないことは二条先輩が助けてくれると、どこか甘えていたのも事実だ。

「……くやしい」事務室に下がり、歩美は溢れ出る涙を、指先で懸命に拭った。

「堀部さん、大丈夫? ちょーっと、困ったお客様に当たっちゃったねぇ」

少し時間が経ったのち、二条が事務室に入ってきた。怒っている様子はなく、むしろ、優しげな笑みを携えている。

「すみませんでした。……わたしが勉強不足だから、お客様を怒らせてしまって」

歩美は深く頭を下げて謝罪の言葉を口にした。そうとしか、言いようがなかったからだ。

「だーいじょうぶ。堀部さんが悪いわけじゃない。あ、もちろん相続関連の勉強は急務! だけどね」

二条のあっけらかんとした口調に、歩美は少し拍子抜けした。

「あのお客様ね、相続で色々と揉めてるのよ。堀部さんがここにくる少し前にも同じように、たーっぷり書類持ってきてね。書類の有効期限が切れてるとか、必要な場所に判子が押されていないとかで、散々怒鳴り散らして帰ったのよ」

「そうなんですか……?」二条の話を聞いて、歩美の心にずっしりとのしかかっていたおもりが、ほんのすこし軽くなった。二条は小さく微笑み、話し続ける。「新人の堀部さんじゃなくても、相続って難しい手続きだからさ。そんなに気にしなくて大丈夫。みんな、お客様に怒鳴られるたびにレベルアップしていくんだから。一回怒鳴られたくらいで、しょげちゃダメよ」

そう言って、優しく歩美の肩をポンポンと叩き「さ、堀部さん。窓口に戻りますよー。もう、窓口も閉める時間だし、さっさと片付けちゃお」と、歩美が泣いていたことには、気がつかないフリをして励ましてくれたのだった。

「怒鳴られながら育つって言われてもなあ……」

今日みたいに、大勢のお客様の前で公開処刑のように怒鳴られていたら、心が持たないんじゃないだろうか。同期のみんなは、うまく仕事こなしてるんだろうな……。新人研修の時に仲良くなった同期とつくったＳＮＳのグループでは「おつかれさまー」など元気な会話が飛びかっているが、歩美はその会話に入れそうもなかった。歩美は、電車に乗ってから何度吐き出したかわからないため息が、また口からこぼれ出ていた。

その時だった。歩美の前で、つり革に掴まって立っている人が、声を掛けてきた。

「なんだか、ずいぶん疲れてるなぁ。歩美、大丈夫か？」

聞き覚えのある、優しい声。歩美は慌てて顔を上げる。そこには歩美の父、秀男が心配そうな顔をして立っていた。

「あっ、お父さん！　いつからそこにいたの？」

思わず大きな声を出してしまい、歩美は急に我に返る。

「ん？　いつからって、乗り換えた時だ」

「えー、なに？　ずっとジロジロ見てたの？　悪趣味すぎ」歩美は上目遣いで、ジロリと秀男を睨んだ。

「いや、まさか歩美が座ってるとは思ってなかったよ。似てるなあと思ったけど、うつむいている若い女の人の顔を覗き込むわけにもいかないだろう？」

父はそう言って、困ったように、顔をしかめた。

「ずいぶん大きなため息ばっかりついてるな、と思って気になってたんだが、まさか歩美とはな」

「えっ！　そんなに気になるほどため息ついてた？　恥ずかしすぎる……」

口をとがらせながら、歩美はぼやいた。いつから見られていたのだろう？　まさか、涙ぐんでいた時も見られていたのだろうか？　しかし、歩美の動揺とは裏腹に、秀男はどことなく嬉しそうだった。つり革に掴まっている手を少し傾け、腕時計を確認している。

「歩美、駅ついたら、ちょっとだけ付き合え」そう言って、くいっと盃を傾けるしぐさを見せた。

父親に一杯飲もうと誘われるなんて、意外だった。秀男はそれほど酒に強いわけでもない。平日は晩酌していないし、会社の飲み会だと言って遅く帰って来る日でもそれほど酔っぱらった様子は見せていなかった。まさか「気晴らしに一杯いこうか」なんて、誘われるとは考えもしなかったのだ。

いつもの歩美なら、何となくめんどくさそうだし「本屋寄るからパス」などと言って断っただろう。けれど、今日は本屋に立ち寄る元気もなかった。「うん」と小さく頷いて、父の誘いに乗ることにした。

小さな駅のため、改札を通り抜けるだけで、疲れがどっと身体に押し寄せてくる。秀男と歩美は、なんとか改札を通り、やれやれと顔を見合わせた後、歩き出した。帰宅のために、普段利用するバスターミナルとは反対の方向だ。

「五分ぐらい歩くんだ」そう言って、先を行く父の後ろを歩美はとぼとぼと付いていく。

歩美は普段、秀男とはそれほど会話をしていない。仲が悪くはないが、特別いいというわけでもない。ただ共通の話題がないのだ。休みの日に顔を合わせても、それほど会話が弾むことはない。

中堅のガス会社の総務課に勤めている秀男は歩美よりも早く仕事に出かけ、歩美よりも遅い時間に帰宅している。歩美が小さな頃から、父は自宅よりも職場で過ごす時間が長かった。秀男は休日でも、ガス器具のイベントなどに駆り出されることも多かった。少し前に永年勤続表彰を受け、あと二年で定年退職を迎えるところだ。

父と帰宅時間が一緒になることは初めてだった。ましてや一緒に飲みにいくことになるなんて夢にも思っていなかった。歩美はほんの少し緊張していた。

「ここ」

そう言って、ニコニコした表情の秀男が指差した店は、赤提灯がぶら下がった小さな焼き鳥屋さんだった。もしも歩美ひとりなら、絶対に足を踏み入れる勇気はわいてこないであろう年季の入った店構えだ。

「いらっしゃあい」

引き戸を開けるカラカラッという音にかぶせるように、威勢のいい声が店内から聞こえてくる。秀男が先に店に入り、続いて歩美も恐る恐るのれんをくぐった。

「お、今日はふたり？　珍しいね」カウンター越しにいるお店のマスターが、父に気軽に声を掛けている。どうやら、常連客として秀男は認識されているらしい。

こぢんまりとした店内のカウンターに通され、秀男と歩美は並んで座った。おしぼりと「本日のおすすめ」と書かれた手書きのメニューを渡される。

「なんでも好きなもの、頼みなさい」

秀男はそう言って、歩美にメニューを渡し、おしぼりで顔を拭きはじめた。チラリと横目で見る父の姿は、おっさん臭くてちょっと嫌だなと歩美は思う。見て見ぬ振りをすべく、メニューを真剣に眺めた。焼き鳥屋だけれど、近海物のアジのたたきもあれば、特製のレバーペーストなどというちょっとしゃれた品も記されている。

「うーん……。迷うなあ。お父さんのおすすめでいいよ。あ、お母さんに連絡した？　家で待ってるでしょう？」歩美が少し心配そうにたずねる。

「母さんには電車の中でメールしたから心配ない」と、秀男は静かに笑っていた。

「じゃあ、すみません。いつもの、ふたつでお願いします」とマスターに向かって小さく会釈した。

堀部さん、いつものふたつねー、という声が店内に響く。アルバイトらしい若い男の人が「お待たせしましたぁ」と、おぼんをカチャカチャ言わせながら運んできた。冷凍庫で冷やされて真っ白になっているジョッキと茶色の小瓶をふたりの前にセットする。「あと、これね」そう言ってトンッと小気味の良い音をならして、歩美と父のあいだに皿が置かれた。皿の中には少しクッタリとした輪切りのレモンがたっぷりと入っている。

「堀部さん専用の、ハッピー割りでーす」

ありがとう、と男の人に声を掛ける父の姿を見て、歩美は少し誇らしかった。焼き鳥屋の店員さんにまで、礼儀正しい姿を見るとは思ってもみなかった。何だか嬉しくなって、カウンターに置かれた飲み物に目をやる。

「あれ？　これ、ビールじゃないんだね」歩美は小さな小瓶に印刷されているホッピーという文字を目にして少し驚いた。サクラのマークがレトロな感じがして、ちょっとかわいい。

「父さんは、平日はこれしか飲まないんだ。アルコールが少ないから、明日まで残らなくていいぞ」仕事人間の秀男らしいことを言いながら、慣れた手つきで、ジョッキにホッピーを注ぎ入れる。トクトクと注がれる金色の液体はきらきらと光っていてとてもキレイだ。そして、割り箸を使って、レモンの輪切りを三枚、手際よく入れた。「これは、レモンの蜂蜜漬け。入れると、うまいんだ」ジョッキに入れると炭酸がシュワシュワと音をたて、白い泡を作り出した。

「へぇ。私も、真似してみよう」

そう言って、歩美は父の真似をして、ホッピーをジョッキに注ぎ、輪切りレモンの蜂蜜漬けを入れた。入れた瞬間にレモンのさわやかな香りが、さっと歩美の鼻を通り抜けていった。

「ホッピーの蜂蜜レモン割り、略してハッピー割り」得意げに言う父の姿は、歩美にはなんだか子どもみたいに見えた。「ボクが発明したんだ！」と自慢げに胸を張る少年みたい。なんだか、おかしかった。

「おつかれさまでした」

秀男と歩美はジョッキをカチリと合わせ、静かに乾杯した。目一杯冷やされたジョッキを持つ歩美の手は、チリチリとした小気味の良い刺激にさらされていた。歩美はジョッキに口を付け「ハッピー割り」と父によって名付けられた飲み物をグイッと喉に流し込んだ。冷たい喉越し。ほんのりとした苦みと、レモンのさわやかな酸味、蜂蜜の甘みが混ざり合って、絶妙な味わいだった。

「なにこれ、すっごくおいしいね」思わず歩美は秀男の顔を見ながら、そう言った。

「そうだろ。仕事であった、嫌なこと、吹き飛ぶだろ」秀男は小さく頷いた後、ジョッキに口を付けてグイグイと飲んだ。

「父さんな、これ飲むと、あー今日一日いろいろあったけど、がんばった。よくやったって、思えるんだよ。もう、ずーっとそうだ」

秀男は歩美の顔を見ることもなく、ただ、ぽつぽつと呟いた。話を中断させるといけないからと気を利かせてくれたマスターが、カウンター越しにそっとレバーの串焼きばかりが載った皿を置いてくれた。

「何回もな、あんな会社辞めてやる、って考えたことあった。上司の機嫌次第で理不尽に怒鳴られるし、部下はいい加減なことするし」

焼きたてがうまいから、早く食えと串焼きを歩美に勧め、秀男も一本取ってかぶりつく。

「……お父さんでも、怒られることあるんだ」

歩美はそう言って、レバー串を取り、そっと口に運ぶ。たれの絡んだレバーはしっかりとした弾力がある。今まで食べていたレバーの臭みやもそもそした歯ごたえは感じられず、味わい深かった。

「そりゃ、もう三十年以上勤めていれば、いろいろある。嫌なこともあったし、もちろんいいこともな」そう言って、また、秀男はジョッキに口を付けた。

「でも、こうして、歩美と肩を並べてこの店に来られたのが、一番嬉しいかもしれないな」秀男はそう言って、嬉しそうに笑った。

その言葉を聞いて、歩美は少し、照れくさかった。そして、今日の悔しくて惨めだった気持ちが、どこかにスッと溶けしまったように感じた。

「なんか、照れちゃうね。そんな風に言われると」

歩美はそう言って、照れ隠しのふりをしてジョッキをグイッとあおる。秀男は「お、いい飲みっぷりだな」と、笑った。

「いくつになっても、学ぶことばっかりだよ。歩美はまだ、始まったばっかりなんだから、ちょっとずつやりなさい。頑張らなくてもいい」

「いや、頑張らないと。なんか、足手まといって感じで、職場の人にもお客様にも迷惑かけてばっかりだし……」歩美がそう言うと、秀男は小さく首を横に振った。

「いや、そんながむしゃらに、頑張り続けると息が切れて続かないぞ。目の前にあることを、毎日ちゃんとやる。それだけで、十分だ」

何か思い出しているのか、秀男は一語一語、静かに、けれども力強く話した。

「疲れたなー、嫌になったなーって思ったら、家に帰る前に、ここに来ればいい。家に帰ってまで、仕事のことで悩む必要なんてない。ハッピー割り飲んで、うまいレバー食ってれば、いつのまにか何とかなってるんだから。ね？　マスター？」秀男はそう言って、カウンターの前で焼き鳥を焼いているマスターに話し掛けた。父と同じくらいの年に見えるマスターは、ニコッと笑って、頷いていた。

「さて、と。明日も仕事があるんだから、もう一杯だけにするか。母さんも家で待ってるし」

急に照れくさくなったのか、秀男は歩美の顔を見ながら、テキパキと話し出した。

「そうだね。明日も、仕事だもんね！」そう言って歩美は皿に残っていたレバー串を取ってもぐもぐ食べた。


お勘定、お願いします、と秀男はマスターに声を掛ける。アルバイトの男の子が伝票を持ってやってきた。

「マスターが引退するって言っても、ボクがこの店継ぎますんで。よろしくお願いします」はじけるような笑顔で話し掛けてくる。「こら」とマスターは苦笑いしながら注意した。「すんません。うちのせがれが。まだまだ、修行中のバイトの身なんですけど」困ったような表情だけれど、マスターはどこか嬉しそうだった。

「ありがとうございましたぁ」

威勢のよい挨拶に見送られ、秀男と歩美は店を後にした。

「なんか、すっごくいいお店だったね。お父さん、やるじゃん」歩美はそう言って、父の背中をぐいぐいと押した。

「そりゃそうだ。何年サラリーマンやってると思ってるんだ？」秀男は笑いながら胸を張る仕草を見せた。

ずっと一緒に暮らしてきたのに。歩美はこれまで気付きもしなかった父の顔をいくつも覗いた気がした。父はこれまでに何度、あの店に通ったのだろう。何度、仕事での悔しい思いを乗り越えてきたのだろう。家ではそんな素振りも見せないけれど、きっと胸の中にはいろいろな思いが渦巻いていたに違いない。

普段、家では見せてくれない父の姿を知り、歩美は何だか嬉しかった。そして、父がこんなふうに励ましてくれるなんて考えたこともなかった。

ありがとう、と口に出してお礼を言うのは、何だかやっぱり照れくさい。歩美は先を歩く父の背中に、感謝の思いを目一杯注ぎ込んだ。

歩美の思いを乗せた夜風は、親子をぐるりと優しく包みこんだ。

佳作②

# ファースト・ホッピー

柿沼雅美
33歳・東京都・作詞家

ちょっとこれは話が違うぞ、と思ったのは今はじまったことではない。ことではないけど、いやでもやっぱり話が違うな、と、レストランで目の前の男を見ながら思う。

男は、私が見つめていると勘違いしているのか、どうしちゃったのかな？　とキメ顔で私に言う。私は、ううんなんでもない、このお店おいしいね、と言ってほほえんだ。

A5ランクの国産牛なはずなのに、口の中で筋張って噛んでも噛んでも飲み込むタイミングが見つからない。料理に合うようにと男が予約しておいてくれた高級ワインは私には酸味が強すぎて、鼻から香りが抜けるたびに爪で粘膜を引っ掻かれているような気にさえなる。

「彩夏《さやか》ちゃんはさ、今日みたいな暑い日に生まれたのかな？　初めてネームカードを見た時に素敵な名前だなって思ってたんだよね」

キメ顔でワインをわざとらしくふぅんと嗅いで言う。

「そう、ですね、たぶん、はい」

「もう～、そんなに緊張しないでいいんだよ。僕はもっと彩夏ちゃんのことを知りたいと思っているし。パーティーで会ったのも運命だって感じてるんだからサ」
サ、という語尾の言い方が一昔前で、十歳差のはずが急に自分まで老け込んでいる気がしてくる。
「パーティーは楽しかったけどサ、やっぱりこうして好きな人と食事するのが僕には合ってるんだよネ」

「そう、ですね」

ふふふと笑ってみせても自分の中の疑問が湧き出して自然と首が傾げていく。そんな私を見て、男は私がかわいこぶってるように見えるのか満足そうにウェイターを呼んだ。

「だから言ったじゃん！　彩夏にはあの人は合わないって」

まったくもう、と腕を組みながら親友の友里がレモンスカッシュをズズズっと飲む。

「その通りでした」

「でしょうね。悪い人じゃないし経済力もありそうなんだけど彩夏には合わないよ」

「うん、だってね、聞いてくれる？　だってね、レストランの予約とかも私の好みとかまったく聞いてくれないで決めちゃったんだよ？　私は牛肉より鶏肉が食べたかった。待ち合わせ、駅前って言いながら自分は車で来てさ、駐車場探してくるって言って三十分待ったんだよ、そんな都合よくコインパーキング空いてないって考えないのかなって。それに、自分に自信があるのかなんなのか、どんな話しても相手が興味持つって思ってるタイプだよあれは」

はいはい、と友里がにやにやしながら頷く。人の失敗談を聞くのが何より楽しいのだ。

「ウェイターさん呼ぶ時、手叩くんだよ？　ありえる？まわりのお客さんそのたびにみんなこっち見るし、超恥ずかしかった」

マジか、と友里が笑う。

「しかも、パーティーで出会ったのが運命だったんだ、とか、パーティーよりも二人きりのほうがいいでしょ、とか、パーティーでは大勢の女の人に仕事の話とか聞かれちゃって参ったよ、とか大声で言うの。わざとだと思うんだよね、裕福でパーティーに参加して女性にモテてるってまわりに聞こえるように言ったんだと思うんだけど、だって、婚活パーティーだよ？　ありえる？　そりゃ女の人は仕事やら家族やらいろんな話してくるでしょうよって」

友里がスカッシュを吹き出しそうになって、やっと私も笑うことができた。

「勘違いが過ぎるんだわ、ほんと。しかも唯一楽しみにしてたワインがまずくて、もう何しに行ったんだか」

「で？」

「でって？　何が？」

「何がじゃないよ、彩夏にそんなにアピールしてるくらいなんだから次のデート誘いがあったんじゃないの？」

デートという言葉と男の姿があまりに合わなくて、あぁあれはデートだったのか、と今更思う。

「いや、言われる前に断った」

「あ、そうなの？　思い切ったね。ほかの駒もいないのに」

「うるさいなー、そうだけどさ、さすがに昨日のそんな人と結婚なんて考えられないよ。まして付き合うなんて考えもしない。食事終わるカウントダウンしてたもん、あと何品で解放されるあと何杯で解放されるって」

「がんばったねぇ～」

友里が手を伸ばして私の前髪を撫でる。面白がって聞いてくれる友達がいてよかった、と思う。

「スムーズに断れてよかったね」

「友里は断れないことあった？」

「断れないっていうか。私から断ろうとしたら察したのかなんなのか逆ギレしてきた人はいたよ。私より五歳上くらいの人」

こわーと小声で返した。

「こわいっていうかウザかった。なんかさ、忙しい時間をとってわざわざ都心まで出て来てあげたのに、あ、群馬県の人だったのね、で、わざわざ都心まで来てやったのにって言って、だいたい高そうなバッグ持ってるけど身の丈に合ってないし、気取ってずっと取り繕って見えるし、キミの話はおもしろくないし、一緒に生活するビジョンが見えないんだよ、って言われたことある」

「ひえぇ」

「しかも店の前で大声で」

「ひえええええ、ショックだわ、それ」

「いやなんかショックっていうか唖然だよね。まだ三回しか会ってないのにってその時思ってたけど、デートみたいなワクワクする気持ちもなかったし、相手もパーティーでマッチングしたから無理してたんだなって思って」

「そっかぁ、友里えらかったね」

「全然えらくないでしょ、はは。彩夏は昨日はなんて断ったの？」

「話のレベルも高いし、生活も余裕があるし、私には手の届かない男性だと思うって言った」

「えええええ！　偉すぎる。そういうとこちゃんとするよね彩夏。それは男途切れたことないわけだわ」

「全然思ってないけどね。男途切れてますけどちょうど今」

「あ、今ね、今はね。でもそれなら相手も傷つかなくていいね」

「どうかなぁ、誰にも指摘されないまま、自分はイケてて余裕があって庶民の女じゃついてこれない、ドヤァ、みたいなままずっと行くのかも」

私が言うと、友里が、それはそれで先が楽しみ、と笑った。

「しばらく婚活お休みかなぁ」

「どしたの、友里がそんなの珍しいね。懲りた？」

「懲りはしないし、絶対良い人はいると思うんだけど、婚活じゃないいんだよなぁ、恋がしたいんだわ」

「ほう！　恋活！」

「そうそれ。でもそうなると彩夏のほうが得意だよね」

「得意不得意の問題じゃなくない？」

「いやぁ絶対そうだよー、彩夏は恋愛なら縁ありそうじゃん。なんで結婚に結びつかないのか、はなはだ謎だが」

「はなはだって、ははは。あれよ、結婚願望が全くないとか、すんごい年上か年下かとか、あっち系じゃないけどほんの少し刺青入れちゃってるとか、いろいろあるけど、まぁ私も相手もダメなんでしょう、うん！」

「何その結論〜」

あぁ〜っと友里が婚活に絶望的になってテーブルに顔を埋めた。

「少しの間、何も気にせずゆっくり過ごしてみようよ」

「やめて〜、そういうカウンセリングみたいのやめて〜、弱気になる〜」

大丈夫大丈夫、と友里の後頭部を撫でると、こうしちゃいられんっ！　と頭をあげて、バッグからスマホを取り出した。

「何？」

「次の婚活パーティーの予約」

「うわっ、私はもうしばらく行かないよ？」

「うー、わかった、じゃあせめて今日このあとこのまま飲みにいこう」

友里はテーブルの上の伝票をパっと掴んでスマホをバッグに放り入れる。まだ夕方四時なんですけど、と私が突っ込むと、その時間から飲むのが幸せなんじゃあー、と言ってレジへ向かった。


カフェを出ると、セミが鳴いていて、風がないからか空気が全部肌に貼りついて離れない。サウナみたいだな、と思いながら、昨日男が言ってた、こんな季節に生まれたから、というのを思い出した。彩る夏、夏みかん、桃、スイカ、ひまわり、水着、ノースリーブワンピース、いろんな色が季節を染めていく。どれも交じり合って灰色になってもおかしくないのに、ずっと鮮やか。

名前負けだな、と思って歩いていると、友里が、なんか懐かしいーと言って居酒屋の前で止まった。猛暑の本日はホッピーでハッピー、と手書きで書かれていた。

「ちょっとダサくない？」

「だからいいんじゃん、若い子ばっかりじゃない？　おじさんばっかりのとこなんてうるさいし、チェーン店じゃおつまみ代わり映えしないし」

友里がそう言って威勢よく店のドアを開けた。ガラガラっと横にスライドしたドアの中は、冷房の風が吹いていて、太い声がそこかしこで飛び交っていた。

「ほら、女の人もいる」

友里が言うと、奥には近所の人のような女性のグループが座敷でくつろいで笑っていた。ホッピーでハッピー、と思い出す。

いらっしゃあい、という若い男の店員の声に、友里が空いているカウンターを指さすと、どうぞー、と店員がすぐに言ってくれた。足元にはバッグをかけられるフックがあり、友里は慣れたようにバッグをかけて、とりあえずビール二つ、と頼んだ。私は、あっ、と言いかけて間に合わなかったと思って椅子に腰かけた。

「お客さんもビールでいいんですか？」

若い男の店員はカウンター越しに私を見た。

「あ、じゃあ、えっと、レモンサワーありますか？」

居酒屋なんだからレモンサワーあるに決まってるだろ、と心の中で自分に突っ込んだ。

「ありますよー、はい、ビールとレモンサワー」

店員は、私の自分突っ込みを察したのか、いい笑顔で注文を受けた。

「あ、すみません！　やっぱりホッピーで！　お願いします！」

友里が手を挙げて訂正した。

「ホッピー、飲むっけ？」

私が言うと、うん、と頷いた。

「あんまり酔いたくない時とか、昔はなかなか貯金してなくて、飲み代かさむなぁって時によく飲んでたんだよね。最近は全然だったけど、ここホッピーがよさそうじゃん」

友里が言うと、そうなんですよぉ、と言いながら店員が、ホッピーとレモンサワー！　と注文を通した。

「お客さんのほうは、飲まれないんですか？　ホッピー」

店員が私を見る。飲まないですね、とはっきり言おうと思ったけれど、顔を合わせて、あれ？　と思う。特にかっこいいとかいうわけでもないのに爽やかな風に吹かれた気分で、思わず小さく呼吸を整えた。

「そういえば彩夏がホッピー飲んでるところ見たことないよ」

友里が言うと、彩夏さんっていうんですか、と店員が言う。え？　という顔をしてしまったのか、店員は、すみません、と言いつつ続ける。

「僕の初恋の子が、さやかっていうんですよ」

「えー、お兄さんすっごいオープンな子ですね、聞きたい聞きたい」

友里がもう楽しそうだ。

「初恋って言っても幼稚園の時なんで、全然どんな子かとか覚えてないんですけど、彩りが加わるって書いてさやかって読むらしくて。あ、漢字の意味は小学校でやっと分かった感じでしたけど、なんかその名前の響き聞くと思い出しちゃうんですよねー」

「へー、でもそんなことしてたら、お客さんに彼女が嫉妬したりしませんか?」

友里がずいずいと聞いていく。こういうところがすごいなぁといつも思う。

「あー彼女、もう二年くらいいないんですよ」

えー、と友里がびっくりしてみせると、カウンターの奥からレモンサワーとホッピーが置かれた。

麦芽発酵飲料HOPPYとプリントされた茶色いビンに、私はほんとにビールそっくりだねぇと言った。おいしいのかな？　と心の中で思ったのを友里と店員にばれたのか、おいしい飲み方がちゃんとあるんだよ、と二人が交互に言った。

店員はカウンターの中で手を動かしながら、友里がホッピーを注ぐのを見ている。私も見てみると、桜の柄にHOPPYという英字、その下にカタカナでホッピーと書かれていて、字体が漫画のようだ。昭和のような気もするし異国のもののような気もする。

一緒に置かれた氷入りのジョッキには焼酎が入っていて、友里はゆっくりジョッキにホッピーを注ぐ。小さく白い泡が立ちはじめ、表面がせり上がってくる。

それを見つめながらレモンサワーをぐっと喉に入れる。喉なのか肌なのかわからないけれど、今の自分がとても乾いているように感じる。

「え、レモンサワー一気飲み？　大丈夫？」

「全然、大丈夫」

そう言って、ぐぐぐっと飲んで、婚活やら仕事やらを吐き出すようにふぅ――――っと息を出し切った。

これ中が多めだね、という友里に、少ないほうがよかったですか、と店員が答える。友里がジョッキに注ぎ終わるのを見ていると、焼酎を中と言って、ホッピーを外と言うんだと店員が教えてくれる。

「彩夏はほんとに知らないんだねぇ、飲んでみたら？」

「いいよ、ビール苦手だし」

「あ、じゃあレモンサワーまだちょっと残ってますけど、コーラとホッピー頼んで飲んでみてくださいよ」

「え？　コーラ？」

私が聞くと、マジで？　と友里が言う。

「いやいや、大真面目ですよ、僕。なんせホッピーでハッピーのまわしものですから」

店員が笑って言うと、ダサッと友里が笑う。じゃあ騙されたと思って、とコーラにホッピーを注文し、友里がしていたようにジョッキのコーラにホッピーを注いでいく。さっきよりもぷつぷつと早く泡が出て、シュワシュワが耳にも届いた。

「わ、冷たっ、え、これがホッピー？　超おいしい！　コーラに深い苦みが出て高級なコーラ飲んでるみたい」

「もうコーラなんじゃんそれ」

友里が笑う。

「ファースト・ホッピーですね」

そう言う店員に、ナイスネーミングだね、と友里が親指をぐっと立ててイイね、と返した。

「大事なんですよ、最初の印象とか感覚って。一番最初に美味しいなって思ったらもう美味しいじゃないですか。恋も初恋が特別みたいに言われるし。初対面で好きって思ったらきっと好きじゃないですか。ホッピーも最初が肝心なんですよ」

いいこと言った、と友里がもはやおっさんのようにはやし立てる。

「彩夏さんみたいなビールが苦手な人には、美味しいですよね。お客さんみたいにお酒が好きな人には、自宅でも美味しく飲める方法ありますよ。キンミヤって知ってます？」

名前で呼ばれた私は思わずジョッキに口をつけたまま固まる。そんなことに気付かず、知ってる知ってる飲むよと友里が声を大きくして言う。

「キンミヤって最近、小さい袋のパウチのやつ出てるんですよ。冷凍できるやつなんですけど。それ冷凍してもらって、グラスに入れてホッピー入れると猛暑には最高ですよ」

どんなだろう、と思っていると、店員が、お酒のかき氷みたいな感じですかね、と教えてくれる。けらっと笑った顔が、いつまで見ていても飽きないだろうな、なんて思わせる。

「なんかこのお店いいね」

私が小さく友里に言うと、わかった、と目をパッと大きく見開いてにやっとした。

「彩夏、ひとめぼれした？　とか？」

え？　と思って店員を見ると、二つ隣の椅子に座るおじさんから、から揚げの注文を取っていた。額の横がうっすら輝いて見えるのは汗だろうか。

「ち、ちがうでしょさすがにこれは。年齢も絶対、五こは下そうだし」

「そういうふうに言う時点でもうあの子に興味持っちゃってるよね」

「ちがうってそれは」

「年齢気になるのが昨今の国内事情だけれども、そんなのは一人ひとりの好みであって分からないものなのだよ彩夏くん」

「なにその急に学者風」

私が笑うと気をよくした友里はメガネもかけていないのにメガネを指でくいっと上げるしぐさをする。

「十五歳上のモデルさんを好きになる男の子も世の中にはいるものなのだよ。世間はいろいろ金目当てだ売名だ言うだろうけれどもあれだ、男の子がそもそも年の離れた女の人しか好きにならない性質かもしれないじゃないか。ね、彩夏くん。仮にだ、世間の言う通り経年劣化して別れて捨てられたってなったとしてもだよ、いいじゃないか、一時でも幸せなんだもの。いいじゃないか人間だもの」

「なんで急にみつを調！」

笑いながら、あぁそういう考えもあるのか、と思える。

「だからいいんだよ彩夏くん。惹かれたなら惹かれたと素直に白状したまえルパン」

「だからなんで急に銭形調！」

笑いながらジョッキに口をつけると、ホッピーの麦らしい匂いが鼻に届く。楽しい。

ジョッキをゆらして中身を軽く混ぜる。氷がコロコロと鳴って、てらてらと中身がじんわり混ざり合う。

「美味しいもんだね、ホッピー」

私が言うと、ハッピーですから、と店員が言う。いつから私たちの話を聞いていたんだろうと少し恥ずかしくなる。

「無理だろうなとか不味いだろうなって思っても案外合わせると美味しいものなんですよね、コーラとホッピーみたいに」

「まるで人間模様だわ」

そう言って酔いはじめた友里に、店員は嫌がりもせず、それですね、と笑った。いい笑顔だった。

カウンターには刺身や揚げ物が並び、遠くの人の笑い声が聞こえ、店員さんの手元から醤油の香ばしい匂いがたちこめてくる。この状況のほうが婚活パーティーなんかよりよっぽどパーティーだ。どんなに高級なワインを好きでもない人と飲むより、ホッピーを好きな人や気になる人のそばで飲むほうがよっぽど美味しい。

まさか恋じゃないだろうと思いながら、もしや恋かもしれないと思いつつ、これからこの店員と何かなったりするんだろうかと考えつつ、何にもならないだろうなと考えつつ、ほんのちょっと何か変わっていったらいいのになと期待しつつ、分離しきれない気持ちをホッピーを混ぜるようにしてゆっくり口に流し込んだ。

恋のはじまりなんてどんなだったか分からなくなっているんだ、だけど、確かに今はちょっとなぜか、ハッピーだなと感じた。

ファースト・ホッピーって、そこから何かはじまるんでしょうか、と心の中で問いかけながら店員を見ると、美味しいでしょ？　と言わんばかりに爽やかな顔でこっちを見た。

佳作③

# 未来～みらい～

ウダ・タマキ
38歳・三重県・介護職

高く青い空に、ハケでさっとはいたような掠れた雲が漂う。陽射しは強いが空気が乾いているので、肌にまとわりつくような暑さはなく過ごしやすい。

こんな日は少しばかり気持ちが高揚するのか、原色に身を包んだ人たちが多く、どれも青い空に映える。普段は控えめな色を好む私も、今日ばかりはクローゼットから赤いポロシャツを手に取った。

私が働く地域は、ガラス張りのビル群の下をお洒落に着飾った人たちが闊歩するような洗練された都会とは違い、まるで時代に取り残された雑然としたセピア色の街。街の様子は数十年前にその歩みを止め、ここから眺める高層ビルは、まるで未来の世界のようにさえ見える。

この地域は、高齢化率四十パーセントを超え「超高齢者社会」と形容するにも足りないほど、街中には高齢者が溢れかえり、尚且つ単身者が多い。

高度経済成長期、全国各地から日雇いの仕事を求め労働者が集まった。その後、故郷に帰ることなくこの地に居着いた人たちが、高齢期を迎え単身で生活を送る。保証人が無くても契約できるアパートが多くあるので、元日雇い労働者だけではなく、ある意味で様々な事情を抱えた人たちにも寛容な街だ。

そんな地域で、私はヘルパーとして高齢者の支援に携わっている。心身ともに疲弊して心折れそうになることが定期的に訪れるが、「神山さんに来てもらうと助かる」ななど言ってくれる高齢者に元気をもらいながら、なんとか八年が経過した。

これまでにいろんな人たちと出会った。多額の借金を抱え偽名を使う人、酒とギャンブルに溺れる人、罪を犯し服役していた人、赤ん坊の頃に捨てられ天涯孤独の人、背中に立派な龍の彫り物が入った元ヤクザ……数え上げればきりがない複雑な人生が、この街で交わる。大変だけど、やりがいは大きい。

「牛乳と、豚バラ、人参に玉葱……オクラもお願いしようかな」

冷蔵庫に頭を突っ込みながら、長さんが希望の品を読み上げ、私はその後ろでメモをとる。

「他は大丈夫ですか。日用品とか」

「そうだなぁ……あ、トイレットペーパー頼もうかな」

「シングル十八ロール入りですね」

「さすが！」

すこし強く閉められた冷蔵庫のドアの風圧が、私の所まで冷気を運んだ。

「じゃあ、お願いしますね」と、長さんの不器用で照れ臭そうな笑顔が、いつも買い物へ行く私を見送る。

私はそれを見るとホッとして、「はい、行ってきますねぇ」と、自分でも気持ちが悪いくらい優しい声色で返すのだった。

嬉しい気持ちになるのも仕方ない。今の長さんは、一年前には想像もつかないくらい変わったのだから。

長さんの暮らす若月荘は、築五十二年の木造三階建て。風呂は無く、各階に共同便所があるだけ。もちろんエレベーターなどという文明の利器は無く、まるでエベレストの山頂を目指すかの如く、手摺にしがみつきながら階上を目指す高齢者をよく目にする。

長さんは二ヵ月ほど前にボストンバッグ一つを持ってやって来たそうだ。詳しい事情は語らず、ただ「部屋を貸してほしい」と。

それから、若月荘で社会との関わりを絶って暮らしてきた。つまり『社会的孤立』というやつ。まだ、酒でも飲んで暴れてくれる方がマシで、長さんの場合は生きているのか死んでいるのか安否が分からないくらい、完全にひきこもっていた。若月荘には、日中は一階の帳場に管理人が常駐している。長さんの部屋は帳場に隣接していて、それまでは管理人の坂下さんが缶ジュースやお菓子を差し入れしながら、安否確認を行っていた。

「差し入れを持って行ったら手は挙げてくれるけど、声もロクに出さんから分からんのよ。元気かどうか。とにかく、生きてることだけ確認してる感じやな」

そんな状況を心配した坂下さんから介護の依頼があったというわけだ。坂下さんはベテランの管理人で、この状況がいずれ良からぬ事態を招くことを想定していたのだ。

「田中さん、前に言うてたヘルパーさん来てくれたから。入ってもらうよ！」

初めての訪問。坂下さんが玄関から声をかけるが返事は無く、ただ、寝返りをうったことだけ分かった。

「ほな、あとは頼みますわ」と言い残し、坂下さんは帳場へと戻る。

室内はゴミが溢れているだけではなく、異臭が漂っていた。何から手を付ければ良いか困惑したが、まずは信頼関係を築くことが必要だった。

良くも悪くも、こういうケースには慣れている。家主や管理人から依頼を受けることは少なくないのだ。荒れ果てた生活を「なんとかしてやってくれ」と。つまり、当の本人にとって、私は望まざる客なのだ。

長さんは「帰れ」と怒鳴ったり、罵声を浴びせることはなかったが、ただ背を向けたまま無言の状態が続いた。やっと声を発したかと思えば「大丈夫だから」や「気にしなくていいよ」というような感じで、穏やかではあるが拒否は強い。だけど、いつも素っ気ない長さんが優しい人だということは分かった。私が帰る時には、決まって「すまないね」という一言をかけてくれる。

短い返事ばかりの長さんだったが、そのイントネーションから関東地方の出身だということも推測できた。この地域に住む単身高齢者は、西日本中心、特に九州の出身者が多く、関東地方の出身者と出会うことはあまりない。私は東京出身なので、関東地方出身の人と出会うといつも嬉しさを感じる。

「田中さんは、もしかして関東のご出身ですか。私、東京出身なんです。この辺では、あまり関東の方と会うことがないので。もしそうなら嬉しいなと思って」

「……東京。浅草」

暫しの沈黙の後、たったそれだけの言葉だったが、私は嬉しかった。関東地方出身の人に会えたことよりも、長さんが僅かでも心を開いてくれたことが嬉しかったのだ。それは、六度目の訪問にして漸《ようや》くのことだった。

私は「同じですね」とだけ返し、それからは、あえて東京の話題には触れないようにした。もしかすると、東京に嫌な思い出があるのかもしれない、帰りたいけれど帰れない理由があるのかもしれない。これまでにそんな人たちと多く出会ってきた。

ただ、私は長年の関西暮らしで妙な関西弁になった言葉を意識的に正すようにした。押し付けるのではなく、ゆるく懐かしさを感じてもらいたかったのだ。

それが功を奏したかどうかは分からないが、ゆっくりと長さんの心は動き始めた。

「あなたの名前は?」

「生まれは、東京のどこですか?」

「次はいつ来ますか?」

一ヵ月、三ヵ月、半年、そして一年。

少しずつ処分したゴミの山は無くなり、生活感のある部屋となった。定期的に通院することで高かった血圧も安定し始めた。関係性が築かれたことで、長さんの生活は一変した。小さな歩みが積み重なり、やがて大きな前進に繋がったのだ。

私が長さんのことを「長さん」と呼び始めたのは、出会って半年が過ぎた頃。本当は利用者さんとの一定の距離感を保つ為には良くないのだが、長さんとの遠過ぎる距離をどうしても縮めたかった。

「ただいま」

「おかえりなさい、ありがとね」

「今日は爽やかな暑さですよ、長さん。散歩でも行ったらどうです」

「もう少し涼しくなったらね」

「寒い時は暖かくなったら、って言うくせに。足が弱りますよ」

長さんはバツが悪そうに「未来さんはキツいなぁ」と、笑う。

そう、長さんも私のことを下の名前で呼ぶのだ。ある日、私の首に掛けた名札を見て長さんが呟いた。

「未来《みく》さんか……良い名前ですね」

「ありがとうございます。田中さんも長三さんって、良い名前ですよ」

「いやぁ、あまり好きじゃない」

「そうだ、私、今日から田中さんのこと『長さん』って呼んでいいですか。私のことも『未来さん』って呼んで下さい。親からもらった名前、お互い大切にしましょう」

長さんは「恥ずかしいな」と、曖昧な言葉一つをこぼしたが、その表情は私の提案を快諾したに違いなかった。

今の長さんとの関わりは、緩やかに、そして穏やかになった。私が三十二歳で、長さんが六十八歳。それは、まるで私の経験したことのない、父親と娘のような関係。年の差だけではなく、その雰囲気には他の利用者さんとは違う何かがあった。

私には父がいない。私が二歳の時に交通事故で亡くなった。私の中にある父の姿は、ちょうど今の私と同じ歳の頃に写る遺影のイメージだ。生きていたら長さんより少し若いくらい。

長さんの家に来ると、時々、考える。父が生きていたら、こんな風に話すのかな、なんて。

長さんは色んなことを話してくれるようになったが、自分の過去には触れない。私の知る長さんの過去は、私と出会った一年前までしか遡ることができない。それ以外は……六十八年前、浅草に生まれたことくらい。

最近、よく父のことを考える。その日の帰り道もそうだった。ふと、顔を上げると、陽の落ちた電車の窓は、まるで鏡の如く私の姿を映し出していた。暗闇を背景に、赤いポロシャツが強く浮かび上がる。その力強い赤とは対照的な情けない顔。私は顔を引き締め、背筋を伸ばした。

武山第二病院から事務所へ連絡があったのは、その二日後。長さんが転倒して救急搬送されたという一報だった。

私は急いで病院へ向かった。詳しい情報は来院してから説明するということで、不安ばかりが募る。

「田中さんの、田中長三さんの部屋は、何号室ですか」

呼吸を整えることも忘れ、看護ステーションの小窓から慌ただしく尋ねた。

「田中さん……五〇六号室ですね。突き当たりを左に行ってすぐのお部屋です」

「ありがとうございます」と発すると同時に、体は進行方向を向いていた。

五〇六号室は個室で、それが余計に状態の深刻さを感じさせた。私は病室へ入ると、プライバシーへの配慮も忘れ、勢いよくカーテンを開けた。

「うわっ」と、腕枕をしながらテレビを見ていた長さんが、驚いて体を起こす。顔の左側に大きなガーゼがあてられている。

「あ、ごめんなさい」

「ああ、未来さん、わざわざ来てくれたんだ。ありがとう」

痛々しい容姿とは違い、いつもの長さんの笑顔に安心よりも少し拍子抜けした。

「大丈夫ですか」

「大丈夫、大丈夫。昨日の夜中、トイレ行く時にこけちゃって。念の為、これから頭の検査するけど、異常がなければ

二、三日で帰れるんだ」
「良かった……」

私は足の力が抜けてその場に膝から崩れ落ちた。

「大丈夫かい」

「大丈夫……って、私が心配されてる場合じゃないのにね」

「ホントだね」と、長さんは笑った。

結局、頭部のＭＲＩ検査では何の異常もなく、長さんは二日後の夕方に退院した。

「良かったですね、安心しました」

「あのまま、ずっと入院だったらどうしようかと思いましたよ」と、長さんは絆創膏に貼り替えられた顔で微笑み、私は「退院のお祝いしないとですね」と、冗談で返した。

「お祝いか……未来さん、ホッピーって知ってます」

「はい、もちろん」

子どもの頃から常にホッピーは身近にあった。母が父の仏壇にお供えしていたのだ。

「なんで、ここに置くの？」

子ども心に気になった私は、母に尋ねた。

「あなたのお父さんがね、大好きだったのよ。だから、いつでも飲めるようにね」

私は「ふぅん」と、生意気に口を尖らせ、分かったようなフリをした。

「この辺りでは見かけないんだよね、ホッピー。久しぶりに飲みたくてね」

私の知らない父の面影を長さんに重ねていたので、長さんがホッピーを飲みたいと言ったことに驚いた。

父の影響か、潜在意識というやつか、私も気付いた時にはホッピーが好きになっていた。だけど、大阪に来てからホッピーを見かける機会は減り、取り扱っている店を探しては行きつけにしている。

「何軒か置いてる店は知ってますけど」

「未来さん、お願いがあります」

即座に「はい、何でしょうか」とは言ったものの、長さんが言わんとしていることは想像に難くなかった。

「もし良かったら、今週の金曜日、一緒に行ってくれませんか、ホッピーのあるお店」

「もちろん」と、二つ返事で誘いを受けたかったが、仕事で関わっている以上、プライベートな付き合いは禁止されているので私は返事を躊躇《ためら》った。

「ごめんなさい、困りますね。大丈夫、今の無かったことにして下さい。気にしないで下さいね」

私の表情から察した長さんが、慌てて取り繕う。

「いいですよ、行きましょう」

「ほんとに、いいんですか」

私は何も言わず、ただ大きく頷くと「ありがとうございます」と、長さんは私の右手を両手で力強く握った。

当日は、長さんの最寄り駅から二つ隣の駅前にある、居酒屋「大江戸屋」の前で待ち合わせた。いくつか知っているホッピーのある店の中で、この場所が事業所のスタッフと遭遇する可能性が低い。もちろん、値段の割に料理も美味しい。

「いらっしゃい、飲み物、何にしましょ」

長さんはメニューを見ることなく「ホッピー」を頼んだので「じゃあ、同じやつで」と、私。

「良いですね、それ」

長さんがおしぼりで手を拭きながら言った。

「え?」

「赤いポロシャツ。よく似合ってます」

「ああ、ありがとうございます」

最近、このポロシャツは夏服ローテーションの一端を担っている。何だか照れ臭いやら、嬉しいやらで、私はメニューを見ながら「何が良いですかね」と長さんに話しかけた。あらためて面と向かって座ると、妙な緊張感を覚える。いつもは飲みに来ると仕事の愚痴や恋愛の話だが、今日ばかりはそうはいかない。だからと言って、いつもの長さんとの会話では、利用者さんとヘルパーの関係だということを周囲に気付かれてしまう。そんな考えばかりを頭の中に巡らせていると、ますます何を喋ればいいのか分からなくなってくるのだった。

「こちら、突き出しとホッピーです」

タイミング良く運ばれたホッピーが会話の糸口となった。

「ああ、懐かしいなぁ」

長さんが感嘆の声をあげる。

「何年ぶりですか、飲まれるのは」

「三年ぶりくらいかなぁ」

「良かったですね」と、私はジョッキを持ち上げて乾杯を促した。

「今日はありがとうございます、乾杯」

「退院、おめでとうございます」

長さんは喉を鳴らし、一気にジョッキ半分ほどを胃に注ぎ込み「うまい！」と、これまでに見たことない表情を浮かべた。

「ゆっくり飲みましょうね、普段はアルコール飲まないんですし。倒れますよ」

「大丈夫、大丈夫」

ほのかに頬を赤く染める長さんは、ご機嫌で、いつもより饒舌で、それはとても良いお酒の飲み方だった。長さんの話す内容はスポーツや政治、最近の事件など、専らテレビから得た知見が多い。その中で、長さんから出た「最近の若い芸能人の名前は覚え難い」という話をきっかけに、名前の話題へと移った。

「私の名前も、初めて会った人からは『みらい』って読まれます」

「未来さん……いい名前ですよ、本当に」

「長さんは、すぐに読めましたよね、私の名前」

長さんはジョッキを握りながら、漂う泡をジッと見つめた。これまでの表情から一変したのは明らかだった。

私は少し顔の位置を下げ、気付かれないように長さんの顔を覗き込んだ。すると、長さんは残りのホッピーを一気に飲み干し、ゆっくりとジョッキをテーブルに置いた。そして、木製のテーブルに鈍く響いた『コン』という音を合図に、まるで一年前に出会った頃のように、遠慮がちに声を絞り出して話し始めるのだった。

「僕の娘が、同じ未来という名前なんです、漢字も同じで」

「娘さんって、どちらに？」

「さぁ……恐らく、東京近郊にいるんじゃないですかね。ここ数年は連絡を取ってないものですから」

私はハッとした。そんなことも知らず、下の名前で呼んで下さいと言った自分が恥ずかしかった。

「そうですか……なんか、すみません」

「いやいや、僕はいつも嬉しいですよ。まるで娘との時間を過ごしているみたいで」

「もし、よろしければ……少しだけ、お聞きしてもいいですか、長さんのこと」

数秒間の沈黙、そして、一つのため息を吐いた長さんは、重い口を開いた。

「全て、私が悪いんです。自業自得ってやつですね……」

自責の言葉を最初に置き、長さんはゆっくりと語り始めた。

「結論から言うと、私は家族を捨てて逃げてきた卑怯な男です」

私は、絞り出されるような長さんの言葉をしっかりと受け止めた。

「借金の保証人になってね。いなくなっちゃったんです、古くからの親友だったんですけどね。みんなは、ひどい奴だって言うけど、私にはそうは思えなくて。きっと、彼も大変だったんだって、いつか謝りに来るはずだって……それが余計に周囲の怒りを買ってしまった。お人好しなんですかね」

「長さんは優しいんですよ」

「せっかく建てたマイホームも無くなっちゃって、貯金も底をついて……何より辛いのは妻と娘からも見放されたことです」

「それで、こっちへやって来たという訳ですか」

「逃げて来た、というのが正しいですが」

長さんは、財布から一枚の写真を取り出した。少し色褪せた写真には、赤いドレスを着た綺麗な女性の姿があった。

「これ、娘の結婚式の写真です。小さな頃から赤が好きな子でね」

「綺麗ですね」

「今日が誕生日なんです」

それが、長さんが今日を選んだ理由だった。

「変わった子でね。いくつになっても私と一緒に出掛けてくれて。大人になると、よく飲みにも行きました。私に似てホッピーが好きでね」


長さんの目尻に深いシワが浮かび上がる。それは思い出を懐かしみ、そして寂しげな表情だった。

「すみませーん！　ホッピー二つ！」

私はジョッキに残ったホッピーを勢いよく飲み干し、少し強めにテーブルに置いた。

「今日はめでたい日です！　飲みましょう！」

私が笑うと、それにつられた長さんに笑顔が戻った。

「未来さんの名前の由来はなんですか？」

「明るい未来に向かって生きてほしいということ、そして、誰かの未来に希望を与えられるような人間になってもらいたい。その思いを込めてね」

「同じです、私の父もそう願って付けたって、母から聞かされました」

いつの間にか、私の頬には涙が流れていた。

「未来さんは、きっと、いつかきっと長さんに会いたいと思っているはずですよ」

「そんなことないですよ」

「私は父に会いたくても会えません。だから、必ず未来さんに会える日を」

「ありがとうございます」

長さんは潤んだ目をジョッキで隠すように、ホッピーを飲んだ。

　窓の外に見える木々の葉が、少し色付き始めている。私は買ったばかりの赤いカーディガンに袖を通した。

　鏡の前に立ってみる。

　実は意外と赤が似合うんだな、なんて自惚れたりして。

「長さん、おはようございます」

「おはようございます。あら、その赤いカーディガン、素敵ですね」

「ありがとうございます。長さんも思い切って赤い服着てみます？」

「ダメダメ、いい歳して」

　長さんは笑った。

　人生において、誰かとの出会いはごく僅かな確率だ。その奇跡のような確率で、私は長さんという人と出会った。

　私には、長さんが未来に向かって生きていける手助けができているだろうか。私は父が付けた名前に負けない大人になっているだろうか。

　いつか、長さんが未来さんと会える日を私は夢見ているのだった。

佳作④

# 幸せの味

塚田浩司
35歳・長野県・日本料理屋経営

父は大工の棟梁をしていた。背は低かったけれど、どっしりとした体に黒い顔は怖くて威圧感があった。しつけに厳しく、小学生の頃、ほんの少しだけ丈の短いスカートをはいただけで「おい、チヒロ。そんな遊び人みたいな恰好するんじゃないガキの癖に」と怒鳴られた。お気に入りだったスカートはタンスの奥にしまわれ、二度とはくことを許されなかった。我が家では父の言うことが絶対で、母もそんな父によく尽くしていた。とにかく私にとって父は怖いという存在でしかなかったのだ。

いつもは不機嫌そうな父だが、ご機嫌な時もある。

父は毎週土曜日に弟子の大工を家に招き宴会をしていた。大工五人で食卓を囲むのだが、毎回、大盛り上がり。仏頂面の父も、顔を真っ赤にしながら目尻を下げ、恵比寿様のような顔になる。

私は母の手伝いで、おつまみやお酒を運んだりするのだが、そのお酒がいつもホッピーと焼酎で、それを我が家ではホッピーセットと呼んでいた。当時、小学生だった私でも、世の中にはビールや日本酒、ワインがあることを知っていたので、どうして家はいつもホッピーセットなのか疑問だった。後から分かったことだが、実は父、酒にめっぽう弱かった。

ホッピーセットは調整可能な飲み物だ。我が家にお酌文化はなく、各々で作る。大きなジョッキを用意し、焼酎をキンキンに冷えたホッピーで割る。酒に強い大工たちは焼酎を多めに入れるのだが、父は酒に弱いので焼酎はひとたらし程度だ。父はとしては酒が弱いことを周りに知られたくないので、テーブルの下でこっそりと作る。ほんの少しの焼酎でも父は酔っぱらうので、母は「うちのお父さんは安上りね」と台所で笑っていた。

最近ではなくなりつつある考えだが、古い人間からすると酒に強い男がカッコいいのだ。大酒のみこそが男なのだ。そんな父にとってホッピーはメンツを保たせてくれる有難くて優しい飲み物だった。と言ってもおそらく弟子たちは父が酒に弱いことは知っていたと思われるが、棟梁に気を使って誰もそのことに触れることはなかった。

「さあ、チヒロおいで」

ご機嫌な父は私にも優しい。手伝う私を膝の上によく乗せてくれた。これもお酒が入っていない時には考えられないことだった。

「お前は本当に可愛い顔をしているなあ」

そう言いながら私の頭を撫で、

「チヒロ、どれが食べたい？」

と聞いてくれるので、私が「枝豆」と答えると皿に取り分けてくれる。そして父の膝の上で枝豆を食べる。枝豆をポロポロと父の膝の上に落としても全く怒らない。

私としては日常の怖い父を見ているので、別人のように優しくなる父が不思議で仕方がなかった。まるで魔法の飲み物だと思った。それに何よりホッピーを飲む父の顔が幸せそうなのが印象的だった。

大人になったら絶対にホッピーを飲みたい。そして幸せの味を知りたいと子供の私は思っていた。

いつもどんちゃん騒ぎの宴も、たまには真面目な話から始まることもある。ある日、いつものように私がホッピーセットや料理を運ぶと空気がいつもとどこか違った。父の顔をのぞき込むと気難しい顔をしている。

「チヒロ、こっちに来なさい」

と母から呼ばれ、台所に戻ったが、私は父たちが気になって仕方がない。そーっと覗くと父は一番若い大工の橋本さんに向かって静かに語り始めた。

「職人ってのはな、きっちり良い仕事さえしていればいいと思うかもしれない。確かにそれが一番だ。でもな、俺たちは仕事をくれるお客がいるから成り立つんだぞ。それが、今日のお前の態度は何だ」

決して声を荒らげず、父は諭すように橋本さんに言った。橋本さんは下を向き、じっとしている。どうやら施主さんに対しての橋本さんの態度が悪かったらしい。不愛想な父が言うからには相当悪かったのだろう。

「確かに、今日は暑かったし、納期もギリギリで苛立っていたかもしれない。それは分かる。でもそんなのはテメエの話だろ。それにお客にとって家を建てるってのは一生に一度なんだぞ」

父に対して、橋本さんは顔を上げ、「本当にすみませんでした」と頭を下げた。

「よし、分かったならいい」

父はそう言ったあと、笑顔を作り、続けて「さあ、つまみどんどん持ってこい。あとキンキンに冷えたホッピー」と台所の母に大声で叫んだ。母は待っていましたとばかりに、フライパンの炒め物をお皿に盛り、私はホッピーセットを運んだ。

静まり返っていた客間がいつも通りの楽しい宴になった。その日の父はいつにも増してご機嫌だったし、ホッピーの瓶が空くのも早かった気がした。特にしかられて気分が沈んでいた橋本さんには積極的に話しかけていた。そして驚いたのは父が歌を披露したことだ。何の歌を歌っていたのかは分からなかったが、後にも先にも父の歌は聞いたことがない。この宴会では父の意外な一面も見ることができる。今思えば父は気づかいの人だったのだ。


父には淋しがり屋の面もあった。

宴はいつもだいたい夜の十時か十一時くらいになるとお開きになる。締めの言葉があるわけではなく、流れ解散なのだが、父は少しでも大工たちに長くいてもらおうと、話を無理やり引き伸ばすのだが、「じゃあそろそろ失礼します」と一人、二人と帰っていく。そして最後の一人が帰ると、「じゃあな、気をつけてな」と玄関までお見送りに行く。父はその後、大工たちの熱気が残る散らかった宴席にトボトボと戻っていく。仕事に行けば会えるし、土曜日になればまた我が家で宴会をするのに、まるで永遠の別れをしたかのように肩を落とす。それを見かねた母が隣に腰を降ろす。そして「私も一杯もらおうかしら」と言ってホッピーで父と乾杯するのだ。

特に言葉を交わすわけでもなく父が眠くなるまで母は付き添っていたのだ。

私の初恋はこの宴席で生まれた。相手は北村さんといって当時二十代半ばくらいの大工で、目がクリっとしていて、サラサラヘアーの爽やかな人だった。口数は少なく、周りが大声で喋っていても、にっこりしながら聞いているような人だった。他の大工はズケズケと物を言うヤンチャな人達なのだが、北村さんはみんなと違い、言葉使いも丁寧で品のある好青年だった。それにずんぐりとした体形の父とは対照的にスラっとしていて、一見細身だが、中では一番の力持ちだったようだ。そのギャップもカッコ良かった。ある日、いつものように母の手伝いをしていると、「こっちにおいでよ」と北村さんが私を呼んだ。その時、父は他の大工と野球の話で盛り上がっていた。

隣に座ると北村さんは「僕さあ、サッカー派なんだ。野球は興味なくて」と微笑んだ。確かに野球よりサッカーの方が似合うなと私は思った。

「それにしてもさあ、チヒロちゃんは良いお嫁さんになるよ。こんなにお手伝いしてさ、偉いよ」

褒められても何と答えていいか分からず、黙っていると二人の間に妙な間が開いた。北村さんは頭を掻きながら言葉を探している様子だった。北村さんはジョッキの中身を飲み干し、

「チヒロちゃん、クラスに好きな男の子とかいるの？」

「えっ？」ドキっとした。小学生にとっては聞かれたくないし、答えるには恥ずかしい質問だ。私が何も答えずに俯《うつむ》くと北村さんは慌てて「ごめんね。変な事聞いちゃって」と謝り、さらに気まずい雰囲気になった。私は立ち上がり、無言のまま台所に戻った。立ち去る私の背中に「ごめんね」と北村さんはもう一度申し訳なさそうに言った。その声に私は振り向かなかったが、北村さんの気づかいと思いやりはよく分かった。その瞬間、「ああ、私は北村さんが好きだなあ」と思ったのだ。

初恋の相手北村さんはそれから一年後に結婚した。その少し前に北村さんは我が家に結婚相手の依子さんを連れてきて父に紹介した。髪が長くて、肌が健康的に黒くて、私からすると北村さんに相応しいと言えるほど美人とは思えなかったが、父や大工からは「良い嫁さんだな」と褒められていた。明るくて物怖じしない性格なのか、みんなと同じようにホッピーセットで乾杯するかと思いきや、

「私ホッピー飲めないんです。酎ハイとかないですか」

と堂々と言ってのけた。家には酎ハイはないのでなんと母が酒屋まで買いに行ったのだ。

北村さんはこういう女の人が良いんだ。私は冷めた目で見ていた。この時に決めたことがある。私は依子さんと真逆の人間になると。髪は長くしないし、肌は焼かない。それから大人になったら酎ハイは飲まず、ホッピーを飲む。そのことがキッカケで何の未練もなく、北村さんに対しての想いも冷めてしまい、こうして私の初恋は終わった。

私が中学生になった頃、父が体を壊した。だいぶ前から

体調の悪さは感じていたらしく、母は病院に行くように勧めていたのだが、病院嫌いの父は先延ばしにしていたのだ。それでも現場に車で移動するだけで吐き気を催すようになったので観念して病院で検査をすることになった。病名は胃がんだった。

幸い初期段階だったので、すぐに手術をしてガンを取り除き仕事にも復帰した。もちろん我が家での宴会も続けていたのだが、しばらくするとガンは再発して、とうとう仕事にも行けない体になってしまった。

父はそんな状態でもみんなに会いたかったらしく、宴会を開いた。

「こんな体だから、焼酎は入れないでホッピーだけで飲むぞ」

やせ細った顔で父は言い訳をした。いつもたいして焼酎は入れていないくせに、と私は思ったが、父は美味しそうにホッピーを飲んでいた。

大工たちは初めのうちこそ、見舞い方々顔を出していたが、棟梁の父が働けなくなったことで別の会社に勤め、みんなはバラバラになった。そのこともあり、我が家に顔を出す機会が徐々に減っていき、とうとう誰も来ない土曜日が多くなった。

高校を卒業すると、私は家から通える距離の会社に就職した。その頃になると父はあんなに大好きだったホッピーすら受け付けなくなった。ホッピーが消えた我が家の雰囲気は暗かった。母は父の看病に付きっきりだったのだが、父はいつも機嫌が悪かった。ちょっとしたことで母に八つ当たりをしていたのだが、その怒鳴り声も表情も弱々しく、そんな父を見ているのが辛かった。

結局、父のガンは完治することなく、私が二十歳の時に亡くなった。

お通夜の時、久しぶりに父のもとで働いていた大工が集まった。大工たちは父の遺体と対面し、大粒の涙を流しながら、ここ数年顔を出せなかったことを悔いていた。みんなの顔を見ると、時の流れを感じた。父に説教されていた橋本さんはだいぶ凛々しくなり、逆に初恋の北村さんは中年太りで見る影もなかった。

大工たちは祭壇に各々が持参したホッピーを供えた。そして母は料理を作り、私はそれを手伝った。みんなをもてなすのも、そして我が家のテーブルにホッピーセットが上がるのも久しぶりだった。みんなは父の思い出話をして無理やりに笑っていた。きっとその方が父は喜ぶと思ったのだろう。

その晩、大工たちは親戚や弔問客が帰り、十二時を過ぎても父の元を離れなかった。

台所で母は無心で料理を作り続けた。まるで何かにとりつかれているようだった。

「お母さん、そんなに作ってももうみんな食べられないよ」と私が言うと母は手を止め、その場でしゃがみ込みエプロンで顔を覆い、声をあげて泣いた。

かける言葉も思いつかず、「テーブル片づけてくるね」と言い、宴席に行くとみんなは喪服姿のまま雑魚寝をしていた。父の遺体も近くにあったので、誰が死人か分からないくらいだった。

私はその場に座りホッピーの瓶を手にした。瓶の中にはまだ半分ほど残っていた。ホッピーから縁遠くなってしまい、あんなに憧れていたにもかかわらず二十歳を過ぎてもホッピーを飲んだことがなかった。私は瓶のままホッピーに口をつけた。ホッピーの味はただただ苦いだけで美味しくなかった。テーブルの上に転がっているホッピーを見て思い出す。あの頃は幸せだったな。父がいない家にはもうホッピーはいらない。父もホッピーもない我が家には幸せももうやってこないんだな。この時はそう思った。

しかし、三年後、思ったより早くホッピーと再会する。


友人の紹介で知り合い、付き合うようになった卓也がまさかのホッピー好きだったのだ。初デートの時に居酒屋に行き、卓也がホッピーを注文した時は驚いた。まず、ホッピーに白と黒があることすら知らなかった。家にはいつも白しかなかったからだ。あと卓也が店員さんに「中」とか「外」と注文していて、私にはその意味が分からなかった。卓也に説明してもらい「ああ、なるほど」と納得出来た。と同時に「父はいつも外だな」と小さく笑ってしまった。

その後、結婚して一緒に暮らすようになってから、家の冷蔵庫にはいつでもホッピーが入っている。

「おーい、チヒロ。ホッピー取ってくれ」

テレビを見ながら晩酌をしている卓也の声が聞こえる。

「ちょっと待って。今、火使っているから」

私は台所でから揚げを揚げながら思った。本当は北村さんのような物静かな好青年が好きだった。それなのにどういうわけか、ざっくばらんな人を選んでしまった。でもいいところもある。父とは違い、お酒の力を借りなくてもいつでも明るくてご機嫌なところだ。結婚してまだ一年しか経っておらず子供はいないけど、将来は良いパパになりそうだ。

「なあ、まだー?」

「だからちょっと待ってって」

　私は火元の熱さに苛立ちながら大きな声でそう答えると、コンロのそばに置いてあるジョッキに口をつけた。

もくもくと料理作りに励んでいた母とは違い、今ではすっかりキッチンドランカーだ。あの時は苦いだけだったホッピーも今ではすいすいと飲める。

　やっぱりホッピーのある暮らしはいいな。私はくいっとジョッキを傾けた。心地よい苦みが喉に染みわたる。

　父と似て、私もお酒に強くはない。だから飲み方も父と同じで焼酎をひとたらし。

「ねえ、チーちゃん」

　卓也が今度は甘えた声を出した。

「もう、うるさいな。自分で取りに来た方が早いでしょうが」

　私は笑いながらホッピーをもう一口。料理を作りながら飲むホッピーは格別だ。

　今ではこれが私の幸せの味なのだ。

佳作⑤

# 十年目のおかわり

村田謙一郎
50歳・兵庫県・コピーライター

ピエロのイラストが描かれた「野毛ちかみち」とある看板を見ながら、地下への階段を降りていく。地上からの風が奥へと吹き抜け、少し体が揺れた。三月下旬の宵、頬をかすめる空気はまだまだ冷たい。ダウンを着てきて正解だった。私は肩の、カバンと細長いアジャスターケースを掛け直した。

階段を降り切って進むと、両脇に立ち飲み屋らしき店がいくつか並んでいた。記憶の中の風景を探るが出てこない。「もつ」と大きく書かれたのれんに少し心が動いたが、今日の目的はここではない。私は前を素通りし、地上へと出た。

野毛のメインストリートには、昭和テイスト漂う看板が、優しい光を放っていた。人出が思ったほど多くないのは月曜の夜だからだろうか。たなびくネオンの光彩に、記憶の扉が少し開いた。

……十年前、確かに私はここを歩いた。打ちのめされ、先のことなど何も見えぬまま、フラフラとした足取りで。そして、通りの喧噪に耐えられなくなった私は脇道へとそれ、静寂の中にポツンと開いていた居酒屋に入ったのだ。

とある角から覗いた路地の先に、その店は変わらぬ姿であった。

ゆっくり歩いていくと、小さな店構えの軒先には古びた赤提灯がかかり、同じく赤いのれんには、白文字で『居酒屋　げん』とある。すぐに入るのを躊躇し、しばらく店の前に佇んでいたが、さらに開いてきた記憶の扉に後を押されるように、私は店の引き戸に手をかけた。

こぢんまりとしたつくりの店内には、大学生くらいの若いカップルがテーブル席に座っているだけで、他に客はいなかった。

カウンターの奥から「いらっしゃい」と声がかかった。割烹着姿の高齢女性が笑顔でこちらを見ている。その姿に、フィルムの靄が消えるように記憶の中の顔が蘇ってきた。あの時の女将に間違いない。

カウンターの端に腰を下ろし、カバンとケースを下に置いた。店を見渡すと、程よいあたたかみを感じる照明に照らされた壁一面には、メニューが書かれた紙が貼られ、本日のおすすめとして大きく「アナゴ天」とあった。

「どうしましょう」と女将が、カウンター越しにおしぼりを差し出してきた。私は受け取り、「あの……」と言って、思いとどまった。

「アナゴ天と……ホッピーを」

「はい、アナゴ天とホッピーね」と女将は繰り返した。

と、背後からカップルの話し声が聞こえてくる。

「……ホッピーって、聞いたことある」

「知ってるけど、俺も飲んだことないわ」

「頼んでみる？」

「ええよ」

すぐに関西弁とわかるイントネーションのやり取りの後、彼氏はカウンターに向かって「すみません、ホッピー二つ」と声をかけた。

「はい、ホッピー二つ！」

女将はよく通る声で繰り返し、テキパキとした動きでジョッキを用意し始めた。どうやら一人で店を切り盛りしているようだ。では、あの人は……。

「はい、ホッピーお待たせ！」

そう言って女将は、焼酎が入ったジョッキとホッピーのビンをカウンターに、続いてカップルのテーブルに置いた。

「アナゴ天、もうちょっと待ってねー」

「全然、大丈夫です」

微笑んでカウンターの中へと戻る女将に、私も笑みを返した。

「これって、どう飲むん？　このジョッキに入ってるのは？」

カップルの彼女が彼氏に小声でつぶやく。

「うーん、何やろ？」

「あれ、お客さん、ホッピー初めて？」

二人の様子に気づいた女将が、カウンターから首を伸ばす。

「あ、俺が……」と女将に声をかけ、私は振り返った。

「このジョッキに入ってるのは焼酎。焼酎で割って飲むんがホッピーの基本なんや」

「……関西弁」

ちょっと意外そうな顔で、彼女は私を見た。

「そら横浜にも関西人はおるで。君らどっから？」

「神戸です」と彼氏が答える。

「こっちには旅行で？」

「ええ、卒業旅行というか、もうすぐ社会人なんで、二人の大学生活最後の思い出に」

「どこ行ったの？」

「ディズニーランド行って、東京回って、ここが最後です。観光サイトにディープな横浜ってあったんで、どんなところかなって」

「そう、間違いなくディープよ」

聞こえていたのか、アナゴを揚げていた女将が口をはさむ。

「そうなんや。でも卒業旅行のわりには案外地味やな。海外とかやなくて」

「いや、こっち来るのも初めてなんで、海外みたいなもんです」

と彼氏は照れくさそうに笑った。彼女が穏やかな表情で彼を見ている。二人とも黒髪でアクセサリー類もつけておらず、彼女は化粧っ気もあまりない。今時の大学生にしては素朴な印象を受ける。

「卒業ってことは、もう就職も決まってるん？」

「はい、僕はカメラの販売店で」

「カメラ好きなの？」

「唯一の趣味っていうか」

「オタクやん、どこでもパチパチと」と彼女が優しくツッコむ。

「ふーん、彼女さんは？」

「CAです」

「CA……え、スッチー？」

「スッチーって、古い」と彼女は吹き出した。

そのパッと見の印象とCAのイメージが、どうにも結びつかない。カメラマニアとスッチー、意外な取り合わせの二人が、どうやって今に至ったのか興味はあったが、それを聞くのは野暮というものだ。

「おじさんはこっちで……あ、ごめんなさい」

「いいよ、おっさんで間違いないし」

彼女はぺろっと舌を出した。

「俺も大阪から今日……出張で来たんよ」

出張……いや、私にとっても、これはある種の卒業旅行と言えるのもしれない。

「あれ、お客さんは大阪から？　それはご苦労様」

女将が私を見た。その髪は、記憶の中のものよりもかなり白いものが目立つ。

私を見る女将の表情に変化はなかった。やはり覚えていないようだ。それはそうだろう。十年前、まだ二十代と年だけは若かった私は、表情から虚勢を見抜かれないように、そして隙間から周囲をうかがい見るために、髪を伸ばし、背を丸め、老人のように生きていた。短髪で相手の目を見て話している私を見て、あの時の男と結びつくわけもない。

「あの……それでホッピーは」

彼の言葉に我に返った。

「ああ、ごめん。ホッピーはこうやって焼酎で割って、自分の好きな味にして飲むんや」

私はホッピーのビンを傾け、ジョッキに勢いよく注いだ。炭酸のシュワっという音が広がる。

「焼酎一にホッピー五でちょうどアルコール分五パーセント、ビールと同じぐらいになるけど、そこにこだわる必要はない。一番美味しいと思える濃さで楽しんだらええんや」

二人はそれぞれ、ジョッキにホッピーを注ぎ、恐る恐る口をつけた。

「あ……うまい」と彼が彼女を見た。

「うん、飲みやすい。ビールに似てるけど、苦味がなくて、ほんのり甘い感じ」

「そうそう、わかってるなあ」私は嬉しくなり、勢いづいて話す。

「ホッピーはな、戦後まもなく発売されたんやけど、元々は当時高かったビールの代用品やったんや」

記憶の扉がまた開き、あの人の、げんさんの声が自分の声に重なった……。

「ホッピーが生まれたのは戦後の一九四八年。ワシはその時五歳。もうお母ちゃんのおっぱいは卒業してたけど、ちいとホッピー飲むには早い年だったのー」

そう言って、げんさんはガハハと笑った。

大阪の広告代理店に入って五年目。プランナーとして全く芽が出ず、お荷物扱いだった私に、『全国展開する大型スーパーのプロモーション』という大きなプレゼン案件が回ってきたのは、担当者の急病による代役という形でだった。このチャンスをものにすべく、私は持てる力の全てを注いだ。連日会社に泊まり込んで企画を練り上げ、営業には無理を言って利益をギリギリまで抑えた見積もりを用意し、デザイナーには何十枚ものイメージボードを作成してもらった。

準備万端で迎えた横浜でのプレゼン。前泊で乗り込んだ私には、自分でも気づかない気の緩みがあったのだろう。中華街でコース料理を堪能し、ホテルの部屋で最後のプレゼンのリハを行った私は、連日の疲れもあって、ぐっすりと眠りに落ちた。翌朝、大阪から始発の新幹線で来た同僚からの怒りのモーニングコールで目を覚ますまで……。

会場まで走りに走って、ギリギリ開始時刻に間に合ったものの、そんな精神状態でまともなプレゼンが行えるわけもなく、結果は聞くまでもなかった。

同僚からの視線に耐えられなくなった私は会場で彼らと別れ、横浜の街をあてもなく彷徨った。途中、雨に濡れた髪は、セットが崩れて垂れ下がり、私はこれまでと同様、髪の隙間から見える風景を呆然と眺めた。

亡霊のような姿を見て、何か感じたのだろう。『居酒屋げん』ののれんをくぐった私を、大将と女将は優しく迎えてくれた。ちょうど他に客がいなかったこともあり、自分がいかに仕事ができないダメ人間かを、自虐的に延々と語る私に、二人は笑顔で付き合ってくれ、励ましてくれた。大将も、店の屋号は自分の名前の『源』から取ったことや、夫婦二人でずっと店をやってること、野毛の街の魅力などを、豪快な笑い声を交えて話してくれた。

そしてこの時、げんさんがおごりだと出してくれたのがホッピーだった。初めてのホッピーに私が戸惑っていると、げんさんは、その飲み方から種類、歴史までを丁寧にレクチャーしてくれてこう言った。

「ホッピーはそのまま飲んでももちろんうまい。焼酎、ワイン、ジン、梅酒、ソーダ、何と混ぜてもこれまたうまい。どんなものでも受け入れてくれる、優しい飲み物なんよ」

それはまるでこの店の、そして二人が醸し出すあたたかい空気とも重なるようで、ささくれ立ち、乾き切っていた私の心にも、確かなうるおいが広がってくるようだった。

「じゃあ、乾杯や！」とげんさんはジョッキを手にした。

「ホッピーでハッピー！」

「え？」

「またー、この人の口ぐせなんよ」と女将は笑った。私もジョッキを掲げて続いた。

「ホッピーでハッピー」……。

「ホッピーは作り方もビールとほぼ同じやけど、アルコール分は〇・八パーセントしかないから、カテゴリーは酒じゃなくて、ビールテイストの清涼飲料になるんや」

私は、げんさんの言葉を反芻《はんすう》するように、若い二人に語りかけていた。二人は唐揚げを肴に、初体験のホッピーを楽しんでいる。彼女の方は早くもホッピーのビンが空になりかけていた。

「女将さん、ソトおかわり！」と私はカウンターの中へ告げた。

「はいよ、ソトね」アナゴを揚げ終わり、皿に盛っていた女将が返す。

「ソト？」彼女が不思議そうな顔で私を見た。

「焼酎をナカ、ホッピーをソトと呼ぶんや。焼酎がなくなったらナカおかわり、ホッピーがなくなったらソトおかわりや」

「おもしろーい！　あ、でも今、ちょっとダイエット中で……」

「大丈夫。ホッピーは低カロリー、低糖質、おまけにプリン体ゼロや」

「うわ、ヘルシー！」

「それもあって、最近は若い女の子にも人気なんやで」

「へー、でもおじさん、なんでそんなに詳しいん？　関西人やろ？」

「ほんとよね、最近は関西でもホッピーが広がってきてるって聞いてはいるけど」

お盆を手にした女将が来て、アナゴ天をカウンターに、ホッピーをテーブルに置いた。

「それは……まあ、乾杯でもしよか」

と私はジョッキを手にした。新しいホッピーを注いだ彼女、そして彼もジョッキを持つ。

「じゃあ……ホッピーでハッピー！」

「えっ」という顔で、女将が私を見た。

「あれ……お客さん、初めてじゃ？」

「そう……あの時の」

私が十年前の来店時のことを話すと、女将はまじまじと私の顔を見て、ハッとした表情を浮かべた。

「ごめんなさい、気づかなくて。なんだか随分感じが変わってたから」

申し訳なさそうに頭を下げる女将に、今度は私があわてる番だった
「いや、当然です。一回だけ会った、しかも長髪で顔もはっきり見えないような陰気な男のことなんて、覚えてる方がおかしいです」

「でも……」

「それに多分、覚えてないのは、誰に対しても、あんな風に優しく振る舞ってるからだと」

「それだ。おじさん、いいこと言う」

私と女将のやりとりを、ホッピーを飲みながら聞いていた彼女が、赤ら顔でつぶやく。

「おい」と、彼氏がツッコミ気味にいさめる。

「えっと、お名前は……」

「三島です。三島耕平」

私は財布から名刺を取り出し、女将に渡した。

「……プランナーさん。そうだ、広告会社に勤めてるって」

「はい。でも会社はもうすぐ辞めて、独立するんです」

「お、カッコいい！」

「やめろって」さっきよりいくぶん語気を強める彼氏。

「そうなんだ、自分の腕一本で勝負するんだね」

「いや、そんな格好いいもんじゃ……あの、それで大将、げんさんは？」

すると女将は言葉につまり、寂しそうに目を伏せた。そしてカウンターの中へと戻り、流し台の隅から何かを手にして戻ってきた。小さな写真立て。そこに甚平を粋に着こなし、あの豪快な笑顔を浮かべたげんさんがいた。

「三年前に……脳溢血でね」

女将はそう言って、写真立てを撫でた。

「そんな……」続く言葉が出てこなかった。

「それ以来、私一人でなんとか続けてきたんだけど、最近はすっかり足腰も弱ってね。子供達も独立して継ぐ人もいないから、この春で店閉めることにしたの」

店内に沈黙が流れた。

「……私も会ってみたかったな、げんさんに」彼女がつぶやく。

「……そうやな」と、彼氏は残っていたホッピーを一息に飲み干した。

「ほら、アナゴ天冷めちゃうよ」

空気を変えるように、女将が明るい口調で言った。

「あの……見てもらいたいものが」

私はアジャスターケースを開け、中のものを取り出した。丸めて入れていた紙を広げて女将に向ける。それは一枚のポスターだった。

上部には『ほっと、ホッピー。～くつろぎのシーンにこの一杯～』のキャッチコピーがあり、酒場や家でホッピーを楽しむ人の、多くの写真がコラージュされている。

「これ、五年前に僕がディレクションして、関西でホッピーのキャンペーンやった時のものです。ホッピーのあるシーンを撮影して送ってもらって、それをポスターやチラシに掲載するっていう。キャンペーンは予想以上に盛り上がって、当時は大阪のどこの居酒屋に行ってもこのポスターが貼られていました」

「なんか……見た覚えが」と彼氏がポスターを見て言った。

「え、でも当時、まだ高校生ぐらいじゃ？」

「あ……まあ、それは」と焦る彼を、彼女が苦笑いで見ている。どうやら彼の方にも意外な顔が隠れているようだ。

じっとポスターを見ている女将に、私は抱えていた思いを打ち明けた。

「横浜のプレゼンで大失態を演じてから、自分は社内でさらに追い込まれていて、自暴自棄になって酒に逃げていました。そんな時、ある店でホッピーを見かけて、そしたら、げんさんと女将さんと飲んだホッピーのことが、あの、心の底からほっとできた時間が、ブワッと蘇ってきて、これだって思って、夢中になって企画書を書き上げて上司に提案したんです。その勢いに押されたのか、企画が通ってキャンペーンが実現して……」

「最近、関西でもホッピー人気が出てきているって、もしかしてこれの影響？」

女将は私の方を向き、穏やかな笑みを浮かべた。

「いや、それはどうか……少しでも貢献できてたら嬉しいですけど」

「そこは自分の手柄にしてもええんちゃうかな」と彼女が合いの手を入れる。

「ただ、このキャンペーンがきっかけで、徐々に仕事の依頼が増えてきて……だから、今回独立できるのもホッピーの、いや、げんさんと女将さんのおかげだと」

「何言ってんのよ」と女将は顔の前で手を振った。

「今日はそのお礼にと思ってこちらに……でも……もっと早く来てれば、すみません」

頭を下げる私の肩に、女将はそっと手を置いた。

「ありがとう。あの人もきっと喜んでるよ。これ、そこに貼っていい？」

「もちろんです」

奥からピンを持って来た女将と一緒に、私はポスターを壁のメニューのない部分に貼り付けた。あらためて見ると、写真の中の人たちは皆、ホッピーを手にいい顔で写っている。

「そうだ」と彼氏がカバンの中から何かを取り出した。どこかで見た形のカメラ。

「それって……」

「ポラロイドです」と、彼はカメラを手に持って構えた。

「まだあったんだ」

「一時生産中止になってたんですけど、数年前に復活したんです。スマホやデジカメは便利だけど、その場でプリントして見れるってのが新鮮で、今、カメラ好きの若い人にも人気だったりします。ボディはクラシックをベースにしながら、よりスタイリッシュになってますし、もちろん操作性やレンズの品質も格段にアップグレードされてます」

饒舌に話し始めた彼に、「また始まった」と彼女が茶々を入れる。

「せっかくなんで、記念に一枚どうですか」と彼はカメラを私と女将に向けた。

「ほら、これ」と彼女がジョッキを渡してくる。

女将は写真立てを胸の前に掲げ、私の横に並んだ。

「いきますよ……はい、チーズ！」

シャッターが切られるとともに、カメラの下から印画紙が出てきた。彼はそれをつまんでテーブルの上に置いた。グレーの色のプリント面から画像が現れるまで、しばらく時間がかかるだろう。

「ちょっと貸してくれる」と言って、私は彼からカメラを受けとった。

横から見ると三角形に見える懐かしいフォルム。しかし角は丸みを帯び、カラーもややポップなところなど、現代的なアレンジが施されてある。

ファインダーを覗き、レンズをカップルの二人に向ける。気づいた二人はテーブルに座り、ジョッキを手にした。私はゆっくりシャッターボタンに指をかけた。

店はいつの間にか席が埋まっていた。

女将はカウンターの中で忙しそうに動きながら、常連と思われる客との会話を楽しんでいる。テーブルでは、すっかりできあがった様子の彼女にカメラを向けた彼が、おしぼりを投げられている。

私はカウンターでアナゴ天を頬張っていた。サクサクとした衣と柔らかな身のバランスは、冷えてしまっていても十分にうまい。ジョッキを傾け一気に飲み干した。ホッピーとの相性も悪くない。空になったビンを見て、げんさんの言葉がよぎった。

……あの時、一杯目のジョッキを飲み干した私は、ホッピーを注ごうとして手を滑らせ、床に落として割ってしまった。謝る私を制し、げんさんは丁寧にガラスを拾い集め、女将はモップで床を拭いた。そして、新しいホッピーを持ってきたげんさんは、私のジョッキに注ぎながら、満面の笑みでこう言った。

「ええか、割っちまってもまだホッピーはある。失敗したら、何回でもおかわりしたらええんや」

壁に貼られたポスターには、さっき撮影した写真がピンでとめられていた。ジョッキを手にした二組の被写体にはやはり、ほっとくつろいだ笑顔があった。

私は女将に向けて、ホッピーのビンを掲げた。

「ソト、おかわり！」

佳作⑥

# 海を見つめる、酔った猫

森な子
21歳・神奈川県・会社員

みゃーこさん、というのがそのぼんやりした先輩のあだ名で、みゃーさんとか、みゃーちゃん、とか、色んな風にアレンジして呼ばれていた。日の光に照らされてきらきら光る長い栗色の髪は、頭のてっぺんのほうだけ少し黒くなっている。

「あなた、よくこんななんもないところに来たねえ」

みゃーこさんは呆れたようにそう言って、まあ、私もだけど、と笑った。みゃーこさんは花が咲いたように笑う。ぱっと目立つ大輪の花じゃなくて、たんぽぽとか、ひなげしとか、そういうささやかな、けれど可愛らしい花。

小さな港町の、遊覧船のチケット売場。遠くに行くのは大変だが、少し足をのばして綺麗な景色を見たいお年寄りが、夫婦そろって来るような、そんな小さな観光地。若い人はめったに来ない。たまに面白がって覗きに来たりするが、海や船の写真を撮ったら満足して帰っていく。

みゃーこさんはそんな小さな観光地の、やはり小さな受付で、猫のようにじっと座って地平線の先を見ていた。私は初めて彼女の姿を見た時、そのなんだかぼんやりと眠たそうな横顔に、力が抜けてしまった。

私は東京の会社で一年勤めて、辞めてこの田舎町にやってきた。職場の人間関係がうまくいかず、最後のほうは朝電車に乗ろうとすると胸のあたりから何かがせり上がってきて、気分が悪くなって立てなくなるくらいになっていた。田舎は人が少なくて、人間関係が密だから、都会より大変だよ。そう心配そうな顔をした母の言葉を思い出す。死んでしまいそうなくらい緊張しながら出勤した初日、みゃーこさんは私が今まで接してきた、どの〝職場の先輩〟にも似ていなかった。

「お客さんなんて全然こないのに、二人もいらないよねえ」

「え……す、すみません」

「いや、謝らなくていいよ。一人だと暇だったし、あなたがきて嬉しいよ」

みゃーこさんはそう言って、狭い受付の、やはり狭いスペースに、無理やり私の椅子を置いてくれた。受付は小さな小屋のようになっていて、私は東京でよく見かけた宝くじ売り場を思い出した。『隣の受付をご利用ください』と書かれた簡素な板を取り外すと、みゃーこさんは「こいつを外す時がくるなんてねー」とのんびり言った。

「あなた、名前は?」

「乾です。今日からお世話になります」

「いぬいさんっていうの? すごい! じゃあ、わんちゃんって呼んでもいい?」

「え……」

「私、みや子。みゃーこさんとか、みゃーちゃんとか呼ばれているの。ふふ、私たち、犬と猫だね」

よろしく、と差し出された小さな手をそっと握る。あたたかくて、柔らかい。爪にはきらきらとラメの入った薄いピンクのマニキュアが塗ってある。みゃーこさんは私よりずいぶん背が低い。だからかどうかはわからないが、圧のようなものをまったく感じなくて、私はなんだか安心してしまって、泣きたいような、胸の奥がむずがゆいような、そんな不思議な気分になった。

私たちの仕事はとても簡単で、船に乗りたいというお客さんが来たらお金をもらってチケットを渡す。たまに宿泊したホテルから割引券をもらってやって来るお客さんもいるので、そういう人には値引きをして、受け取った割引券に切り込みを入れる。それだけ。

「簡単でしょ。簡単で、つまんないでしょ」

みゃーこさんはあくびをしながらそう言った。けれど私は楽しかった。にこにこしながらやって来るお客さんは可愛い。お互いを杖のように支えあいながらゆっくり歩いて来る老夫婦、きゃいきゃい騒ぎながらチケットを買って行くおばちゃんたち、なりゆきで船を見つけて、乗ってみようかと微笑みあうカップル。観光地の船に乗る人たちはみんな、心に余裕があってあたたかい感じがする。

前に勤めていた会社はみんな、早く終わらないかな、という顔をしていた。早く今日が終わらないかな。そんな日々の中でもきっと、仕事に本当にやりがいを見つけられたらよかったのかもしれないが、私はダメだった。そうして、休憩時間まで誰かに気を遣ったりするのが嫌で、一人で外食をしていたりしたら、いつの間にか話の輪に入れなくなっていたのだ。

私はあの狭くて薄暗いオフィスの、冷たいパソコンと自分に向けられるどこか尖った視線を毎日やり過ごして、傷ついたことを言われても平気なふりをしている時間が本当に辛くて、冷蔵庫の中にでも閉じ込められてしまったかのように思えた。

「わんちゃんはさ、都会から来たんだよね」

ある日、船が出航するのを見送っている時、冷たい潮風に吹かれながら、みゃーこさんがそう言った。

「はい、そうです。東京で働いていました」

「うわー、シティガールかあ。わんちゃん、持ってる服とか化粧品とかさ、確かにちょっと違うもんね、この街の人たちと」

「え、そうですか?」

「うん、違うよ。だってわんちゃん、お化粧品ってお化粧品屋さんで買ったでしょう」

「はい、まあ」

お化粧品屋さん、という言葉が可愛く思えたが、黙っておいた。

「私なんて薬局だもんね。しかも、若い人向けのやつが全然売ってないから、おばあちゃんの家にあるようなやつ使ってる」

「確かに、みゃーこさんのその口紅の色、ちょっとおばあちゃんみたいですもんね」

「えっうそ! これ、変?」

みゃーこさんが慌ててそう言うので、私は笑った。みゃーこさんは明るくて、けれどどうるさいわけじゃなくて、話すと心地よく穏やかな気持ちになれるので、色んな人に好かれていた。みんなみゃーこさんのことが好きだった。猫のような、海のような、そんな不思議な雰囲気が彼女にはあった。

ある日私たちが帰ろうとした時、船乗りのお兄さんが二人、近づいてきた。お兄さん、といっても、私より十も年上だが。

「みゃーこちゃん、わんちゃん、今帰り? 俺らと飲みに行こうよ。奢るからさ」

親元を離れて遠くの街で一人暮らしをしている私にとっ

て、奢るから、というその一言がすごく魅力的に思えた。いいですよー、と了承しようとした時、みゃーこさんが私の服をぐいっと引っ張った。え、と思って振り向くと、みゃーこさんは一瞬泣きそうな顔をしたかと思うと、すぐにけろっとして「ごめんなさい」と言った。

「今日私とわんちゃん、二人でお出かけなんです。ね！」

「えー。四人で行こうよ」

「駄目でーす。デートの邪魔しないでくださーい」

みゃーこさんがそう冗談のように言うと、二人はしょうがないなあ、という顔をして笑った。私は困惑していた。そもそもみゃーこさんとお出かけの約束なんてしていないし、それになにより、いつものように掴みどころなく笑うみゃーこさんの、本当の顔を見てしまったような気がして、罪悪感のようなものを感じた。

二人は、じゃあ今度は四人で飲もうね、と、気分を害した風でもなく優しく言って去っていった。私たちはしばらくの間、無言だった。

「みゃーこさん、どうしたんですか？」

遠くに見える灯台の明かりを眺めながら、私はなるべく優しい声色を心がけて、そっと声をかけた。磯の香。頬を撫でる潮風と、どこからか聞こえる船の音。みゃーこさんはゆっくりと顔を上げて私の目を見た。

「……行こう」

「え？」

「飲みに行こう！」

奢るから！　と付け加えて、みゃーこさんはずんずん歩き出した。

たどり着いた田舎の飲み屋街。お店がちらほらと並んでいる。暖簾から漏れる店の灯りがあたたかい。みゃーこさんはずんずん進んで、一軒の店に私を連れて入った。

そこは隠れ家のような小さな居酒屋だった。この街にこんなところがあったのか……と唖然としていると、みゃーこさんは慣れた様子で店に足を踏み入れ、渋い髭を生やしたおじさんに「今日は友達を連れているの」と軽く言った。

「そう、珍しいね」

「うん、珍しいでしょう。奥のテーブル席使ってもいい？」

「いいよ、ゆっくりしていきな」

「どうもありがとう」

私はおじさんに軽く会釈をしてから、みゃーこさんと一緒にテーブル席についた。店の中は真昼のように明るい。

「何飲む？　わんちゃん、お酒強い？」

「まあ、そこそこですかね……みゃーこさんは強いんですか？」

「いや、弱い」

そう言って笑うみゃーこさんは、いつも通りに見えたのでほっとした。さっきのはなんだったんだろう。そう思っていると、みゃーこさんは「おじさーん、ホッピーください」と大きな声で言った。

「わんちゃんは？　どうする？」

「え……どうしよう。じゃあ、同じので」

「ふふ。オッケー」

しばらくすると枝豆とから揚げと一緒に、お酒が運ばれてきた。グラスに焼酎が入っていて、さらに瓶が運ばれてきたので戸惑った。

「焼酎と割って飲むんだよ」

みゃーこさんはなぜかにこにこ嬉しそうに笑っていた。初めてのホッピーに、私があたふたとしている間に、すでにお酒に手をつけてごくごくおいしそうに飲んでいる。水みたいに。

陽気なフォントでホッピー、と書かれたその瓶は、なんだかみゃーこさんによく似合う気がした。なんて思いながら一口飲む。初めて飲んだそのお酒は、口の中でぱちぱち弾けておいしかった。

「みゃーこさん、さっきどうしたんですか？」

「んー？　何が？」

「約束なんてしてないのに、急にあんな嘘つくから、びっくりしちゃいましたよ」

私がそう笑いながら言うと、みゃーこさんは「うーん」と猫が鳴くような声を出した。

「ごめんね。行きたかった？　あの二人と」

「いえ、別にいいですけど。でも、珍しいなと思って」

「珍しいって？」

「みゃーこさん、誰とでも仲良くなれるのに、さっきはちょっと嫌そうにしていたから」

私が言うと、みゃーこさんは曖昧な感じで微笑んで、それからぐいっとグラスに入ったお酒を一気に流し込んだ。

ぷはー！　と笑うと、「おじさん、おかわりください」と陽気な声色でみゃーこさんは言った。頬が赤いのでもう少し酔いが回っているのだろう。グラス一杯で酔う人、久しぶりに見たなあ、と思った。

「みゃーこさん、あんまり飲むと明日に響きますよ」

「いいよ、わんちゃんがいるじゃん」

「またそんなこと言って」

「明日も、あの小さな小屋で、わんちゃんと船に人を乗せるの。水平線の先へ走っていく船に手を振って、二人で小屋に戻るの。わんちゃんが楽しそうに切符を売るから、私はお菓子を食べながらそれを眺めて、それでわんちゃんがみゃーこさんもお仕事してください、って呆れて笑うの。そうこうしているうちに夜がきて、星が綺麗で、私たちは一緒に海を眺めながら帰るの」

まるで子供に絵本を読み聞かせるような声色でみゃーこさんは言った。二杯目のホッピーを水のように飲みながら。

「私ねえ、好きなものがたくさんあるのよ。まず海。きらきら光って、大きな宝石みたいでしょう。船も好き。特に夜に見る船の灯りは一等好き。お酒も好き。特にホッピー。だって瓶が可愛いでしょう。それに今日、わんちゃんと一緒に飲んだから、もっと好きになった」

「なんですか、それ」

くすくす笑っていると、みゃーこさんはまるで勢いに任せるような、どうか気づかれませんようにとひた隠しにするような、そんなどこかちぐはぐな声色で、

「わんちゃんのことも好きよ」

と言った。

私は一瞬何を言われたのかわからなくなって黙ってしまった。みゃーこさんはゆっくり顔を上げて、少し傷ついたように笑って「だってこの街で初めての仕事仲間だもんねえ」と言った。

「あの、みゃーこさん」

「ここのから揚げ、おいしいんだよ。わんちゃんも食べなよ」

「今の、どういう意味ですか」

言うとみゃーこさんは泣きそうな顔をして私の目を見た。

「私もね、昔はわんちゃんと同じで、都会で働いていたの。でも、うまくいかなかったの。私、ほかの人と少し違うみたい」

耐えきれなくなってぽろぽろと落ちる涙が宝石みたいだった。ごめんね、と謝るみゃーこさんが本当に悲しくて可哀そうに思えて、私はなんだかみゃーこさんを抱きしめたい！　と思った。けれどできなかった。なんだかそんなことをしたら、優しいこの人を傷つけてしまう気がした。

その後、自分がどうやって家まで帰ったのかよく覚えていない。

次の日出勤するとみゃーこさんの姿はなかった。病欠らしい。一人で仕事をするのはなんら問題はなかった。もともとみゃーこさんはあまり身を入れて仕事をする人ではな

かったし、平日だったのでお客さんもまばらだった。

「今日はみや子、休みなんだ」

一人で船を見送っていると、昨日声をかけてきた二人組のうちの一人が声をかけてきた。手に重そうな荷物を抱えていたので、手伝いますよと声をかけると、これくらい大丈夫だよと穏やかに言われた。

「あの……みゃーこさんはどれくらい前からここで働いているんですか？」

「え？　うーん……三年くらい前からかなあ。ここに来たばっかりの時のみや子はさ、傷ついた野良猫みたいなかんじでさあ。今はだいぶ丸くなったんだよ。わんちゃんがきてからはもう、むしろ飼い犬みたいになったって皆、笑ってるよ」

私は昨日のみゃーこさんの泣き顔を思い出して、なんだか胸が痛んだ。

「俺、一度振られてるんだよね、みや子に」

「え、そうなんですか」

「うん。泣きそうな顔して、ごめんなさいって。本当に辛そうだったなあ。まるで、自分が俺のことを好きになれたらどんなにいいだろうって、そう思ってるみたいだった」

「あの、どうしてこの街に来たかとかは、聞いてないんですか？」

「聞いたよ。ふられた日の夜、話してくれたんだ。俺の口からは言えないけど、でもその話聞いた時、俺、さらに好きになっちゃったな。芯の強い女の子だなって思ったんだ。笑われるかもしれないけどね」

私は何も言えなかった。みゃーこさんは明日からまた、私たちのあの小さな小屋にきてくれるだろうかと心配だった。お菓子を食べて、冗談を言って笑って、一緒に海を眺めて、船に向かって手を振って。

その日の夜、一人で戸締りをして、さあ帰ろうかと思っていると、「わんちゃん」と声が聞こえた。振り向くとみゃーこさんがいた。腕に栓の開いた瓶のお酒を二本抱えている。

「みゃーこさん、病欠じゃなかったんですか」

「病欠だよ。二日酔いだもん」

「それは病欠じゃありません」

言いながら、私は内心ほっとしていた。もう会えないんじゃないかと思っていたのだ。けれどまたこうして会えた。

「ねえ、海眺めながらこれ飲もうよ」

「弱いのに、よく飲みますねえ」

「ふふふ、これはね、魔法のお酒だから、ストレートで飲むと度数はそんなに高くないのだよ」

「よく言いますよ」

言いながら私は瓶に入ったままホッピーを飲んだ。東京にいた時、友人たちと飲みにいったおしゃれなバーのカクテルを思い浮かべながら私は、こういうのもアリだな、と笑った。

「あのね、私、昨日凄くずるいことをしました」

みゃーこさんが改まった口調でそんなことを言い出したので、私は驚いてしまった。

「お酒を入れて、冗談みたいに吐き出しちゃえって思ったの。ごめんなさい。ものすごく不誠実でした」

「いえ、そんな。私のほうこそ、驚いて、何も言えなくなって、すみませんでした」

「私、実は同性愛者なの」

よく見るとみゃーこさんはまだお酒に口をつけていなかった。そういうのを見ながら私は、律儀だなあ、とぼんやり思った。

「そうですか」

「うん、そうみたい」

「みたいって」

笑うと、みゃーこさんも安心したように笑った。

「あのね、わんちゃんに恋人になってほしいとは言わない。でも、今まで通り一緒に過ごしてほしい。海を眺めて、おしゃべりして、お菓子を食べて」

「お菓子を食べてるのは、みゃーこさんだけでしたけど」

「うそ！　たまにわんちゃんにもあげてたじゃん」

みゃーこさんはそこで初めてお酒に口をつけた。私たちは海沿いを歩いた。ストレートで飲むホッピーは炭酸ジュースのようにも思えたが、ほんのりお酒の味がして、そのいじらしい感じがみゃーこさんみたいだと思った。

「私、初めてこの街に来た時、すごく怖かったんです。また誰かに気を遣ったり、人の視線に怯えて過ごさなくちゃいけなくなったらどうしようって。世界中どこを探しても、落ち着ける場所が見つからなかったらって。本当に怖かった」

「うそ、そうだったの？」

「はい。それで、びくびくしながらここに来たら、みゃーこさんがいて、毎日どうでもいい話をしてくるんです。昨日テレビでみた俳優、髪型がうちのお父さんみたいだったとか、近所に住んでる犬がおバカで毎日電柱に吠えてるとか」

私が言うと、みゃーこさんは「そんなどーでもいい話、したっけ？」と笑った。

「でも私、本当に嬉しかった。だから私たち、まだあそこにいましょうよ。いつまで居られるかはわからないし、むしろもしかしたら、しわしわのおばあちゃんになるまで居るかもしれない。でも、私みゃーこさんとあそこに居たいです。それだけじゃダメですか？」

私が言うと、みゃーこさんはしばらく黙った後、すん、と鼻を鳴らしながら、

「ダメじゃない」

と小さく言った。

顔を上げたみゃーこさんの顔が涙でぐしゃぐしゃに濡れて不細工だったので私は笑った。みゃーこさんも笑っていた。それだけで十分な気がした。

みゃーこさんが空になったホッピーの瓶に、そっと息を吹きかける。すると、ぼぉーっ、と船の汽笛のような音が鳴って夜の港に静かに響いた。

私は返事をするように、ぼぉーっ、と瓶に息を吹きかけた。ほんのりとお酒の匂いがした。

佳作⑦

# 魔法の黒い水

曽我部敦史
42歳・東京都・パートタイマー

## A

おっちゃんに出会ったのは、小学四年の夏休みのときでした。

当時、私は千葉県F市にある、M団地というところに住んでいました。周囲に駅のない不便な場所ではありましたが、多感な時期を過ごした団地の長閑《のどか》な光景は今でもはっきりと思い出すことができます。

夏休みに入ると、私は友人のかっくんやたーちゃんと毎日、遊びまくりました。

ファミコンがブームの時期で、三人の家のどこかでドラクエに興じることもありましたが、やはり、昆虫採集やザリガニ釣り、プール遊び、ロケット花火で遊んだ方が俄然楽しいのでした。

散々外で遊び回った帰りに、重富酒店に寄り道するのが我々の日課でした。団地の中央にはスーパーがあって、そこを起点として両側に個人商店が並んでいました。パン屋、床屋、本屋、八百屋、肉屋、蕎麦屋、寿司屋にお茶屋。今思えばけっこう豪勢なラインナップです。

重富酒店はその列の一番端、スーパーから見て一番遠くにありました。そのせいか、どこか寂れた雰囲気が漂っていました。店は年配の夫婦が切り盛りしていましたが、いつの頃からかお酒以外に駄菓子を並べるようになりました。

それは私たち小学生にとっては喜ばしいことでした。

夏の時期はファンタをがぶ飲みし、カップかき氷やあんず棒を堪能するのが私たちの定番でした。駄菓子を並べている店には大抵、子供たちが集まるものですが、重富酒店にはなぜか私たち以外の子供をあまり見かけませんでした。

「なんで他の奴ら来ないいんだろうな？」

重富酒店を出たたーちゃんがそうつぶやいたことがありました。

「あの店がカクウチをやっているからだよ」

物知りのかっくんがそう答えました。

「カクウチって何？」

私とたーちゃんは同時に同じセリフを口にしました。『カクウチ』とは『角打ち』と書き、店で買った酒を酒屋の一角で飲む行為のことだとかっくんは教えてくれました。

「だからあの店には行くなって、お母さんに言われたことあるよ」

かっくんは、最後にそう付け加えました。

私の母親も重富酒店で買い物することはあまりないようでした。子を持つ親たちにとって、角打ちという行為はあまり印象が良くないようでした。

その日はお盆が近くなってきた頃だと思います。変速付きの自転車で少し遠出をした私たち三人はちょっとした冒険気分の余韻に浸りながら、重富酒店に向かいました。

いつもより行く時間が遅かったためでしょう、店の奥では見知らぬ男性が店主と向かい合って座っていました。そこには積み重ねたビールケースの上に板を渡しただけの即席のテーブルがあり、それがいわゆる角打ちのスペースのようでした。

「なんや、こんな店にもガキどもが来るんか」

男は煩わしそうな視線で私たちを見ました。

いつもとは違う不穏な空気を感じ取った私たちは、店の奥を見ないようにして駄菓子を物色し始めました。

「取らへんのかい。この桂馬はタダやで」

男はダミ声でしたが、『ケイマ』という単語を聞いて、二人が将棋を指していることがわかりました。私は少しだけ興味を持ちました。なぜなら、私は将棋好きの少年だったからです。

「それが罠だってことくらいわかってますよ」

店主は丸眼鏡に指をあてがいながら、何か駒を動かしたようでした。

「あーあ。そりゃ、あかんわ」

男は相手を馬鹿にするような口調で、すぐに応手を指しました。その手を見て、店主はうぐっ、という声にならないうめき声を漏らしました。

「へえ、将棋やってるぜ」

物怖じしないたーちゃんは、いつの間にか、台の上を覗き込んでいました。こうなると私とかっくんも近づかざるをえません。

「将棋なら、あっちゃんもやってみれば？」

私が将棋好きであることを知っているかっくんは、当たり前のようにそう言いました。

正直、嫌でした。私は見ず知らずの人間と将棋を指すのが苦手でした。特に、男のような人間と。

「ほう、坊主も指せるのか。なら、おっちゃんと、いっちょうやろうや。もうすぐ終わるさかいな」

かっくんの言葉を聞いた男が私の方を見て、破顔しました。上下の前歯が何本か欠落していました。私はすぐに視線を外しました。

「坊主が勝ったら、菓子とジュースを好きなだけおごったるで」

背後からかっくんとたーちゃんの歓声が上がりました。無責任なものです。結局、私は男の向かい側に座らされる格好になりました。


私は玉将を摘むと駒を並べ始めました。

「おっ、坊主、ずいぶんサマになってるやん」

男は透明のボトルに入った液体をグラスに三分の一ほど注いだ後、茶色い小ぶりのビンを傾けました。それは黒く泡立っていて、グラスの中はコーラのような液体に満たされました。私が興味深く見ていることに気付いた男は、胡麻塩の無精髭を撫でました。

「これはな、『魔法の黒い水』なんや」

「魔法？」

「これを飲むと、ごっつ頭が冴えてくるねん。これを飲んでるときのワシは絶対に誰にも負けへんねん」

「中原や米長にも勝てるの？」

たーちゃんが即座に問いかけました。

「あたりまえだのクラッカーや。よっしゃ、坊主の先手やで」

男は不思議な作戦をとりました。王様の守りに手をかけず、最下段に置いた飛車を突然大移動させて、私の玉頭に襲いかかってきたのです。初めて見る戦法を繰り出された私は動揺しミスをしました。そこから飛車先を突破され、万事休すでした。

「負けました」

私は頭を下げました。完敗でした。私は攻めることができずに一方的に押し切られたのです。

「残念やったな。ほな、お菓子はおあずけや」

私は悔しさで顔が引きつりました。

「なんだー。メロンソーダ飲みたかったのに」

たーちゃんの悪意のない一言がそのときの私にはひどく堪えました。

「ごめん」

私は消え入りそうな声で言うのが精一杯でした。

「坊主の将棋はあまちゃんや、所詮はガキの将棋なんや」

対局後にそんな無慈悲な言葉を投げかけられたのは初めてでした。そのときの私は、きっと涙目になっていたにちがいありません。

「僕、帰る」

今にも泣きそうな姿を友人に見られたくなかった私は、逃げるように重富酒店を飛び出していったのです。

B

それ以来、私が重富酒店を避けるようになったのは無理もないことでした。

かっくんやたーちゃんから行こうと誘われても、何かと理由をつけて断っていました。あの男との対局の記憶が甦ってきたからです。

ですが、お盆の日のことです。運悪く私は遊びに来た親戚のためにお酒を買ってくるよう母親に頼まれてしまったのです。

商店街の多くの店がシャッターを閉じている中、重富酒店は営業中でした。意を決して恐る恐る引き戸を開けると、果たしてあの男がいるのでした。私は思わず戸を閉めようとしました。

「おっ、坊主、久しぶりやん！」

男に見つかってしまいました。私は自分のタイミングの悪さを呪いながら、渋々足を踏み入れました。

「相手がいなくて暇してたんや。坊主、やろうや」

テーブルの上には、将棋盤とあの黒い飲みものがありました。

私は男と目を合わせず、首を横に振ると、黙って日本酒の銘柄が書かれたメモを店主に渡しました。

「なんや、負けたからいじけてんのかいな。マスター、この子にメロンソーダでも飲ませてやってくれ」

「僕、いらないです。すぐに帰らないと」

私は男の方を見て、はっきりと言いました。

「いいか、坊主。お前にはセンスがある。だから、この前は厳しいこと言ったんや」

私は男の言うことを無視して、店主に代金を払うと、日本酒を抱え帰ろうとしました。

「殺生なやっちゃな。そんなんやと女にモテへんで」

「別にモテなくてもいいです」

男の軽妙な語り口のせいで、私は思わず答えてしまいました。

「ほな、せめてメロンソーダだけでも飲んでいきーな」

男は立ち上がると、冷蔵庫から勝手にグリーンの瓶を取り出し、私の胸に差し出しました。

私はわざと大きなため息をつき、立ったまま一気に飲み干そうとしましたが、途中で炭酸にむせてしまいました。

「おまえ、ひとりでなにしてんねん」

男は笑いながら、将棋盤に駒を並べ始めました。そして、大仰な手つきで自陣から飛車と角行を取り除いたのです。

「これで勝負や。もちろん、坊主が勝ったら、好きなだけ買うてやる」

飛車と角行は将棋の中で一番強い駒です。それが初めから相手陣にはないのです。盤面を見て、さすがにこれなら勝てるだろうと思いました。しかも、たいした時間もかからずに。私はまんまと男の向かいに座ってしまったのでした。

駒落ちには駒落ちの定跡というのが存在するのですが、当時の私がそれを知るはずもなく、あっという間に戦況を悪くしていきました。

男は黒い飲み物を片手に、楽しそうに盤上を眺めていました。

「ねえ、僕にも飲ませてよ」

すでに戦意を喪失しヤケクソ気味になっていた私は結露で汗をかいた瓶を指差しました。

「ん、なんや？」

「その、魔法の水を飲ませてよ」

「それはダメや。お前には十年早いわ」

男はそう言うと、意地悪そうに喉を鳴らして飲むのでした。

時間もかからず負けてしまったのは私の方でした。それこそ魔法に見えました。飛車と角行のない相手に負けてしまったのですから。私は信じられない気持ちで、詰まされた自分の王様を見ていました。

「どうや、不思議やろ？」

男の言葉に、私は黙ってうなずいていました。不思議な思いが先に立って、この前のような悔しさは湧きませんでした。それより､この手品の種を知りたくなったのでした。そのとき、私は将棋の魔法にかかったのかもしれません。

翌日から、私は重富酒店で男と将棋を指すようになりました。男は毎回、勝負には関係なく、駄菓子を買ってくれました。私もすぐに打ち解け、いつの頃からか親しみを込め、男を『おっちゃん』と呼ぶようになりました。

夏休みも終わりに近くなったある昼下がりのことです。私がいつものように重富酒店に向かうと、商店街のどん詰まりにある植え込みから男の怒号が聞こえてきました。私は少し離れたところから様子をうかがいました。

男二人が倒れた誰かを足蹴にしていました。やられているのがおっちゃんだとわかり、私は背筋が凍りました。

どうしよう?

交番まで行くには時間がかかります。私は同じように遠巻きに見ている野次馬の大人たちに助けを求めようとしましたが、なぜか彼らは楽しそうに眺めているのです。私は薄気味悪さを感じ、ならば重富酒店の店主に助けてもらおうと思い、店に入ろうとしました。そのときです。

「おい、坊主!　こっちやこっち!」

あろうことか、おっちゃんは私に助けを求めてくるのでした。私はどうしていいかわからず、わーっ、と奇声をあげながら両腕を挙げ男二人に突進していきました。ですが、そのまま突っ込んでいくことはできませんでした。近づくにつれ失速し、男たちの前で間抜けにもピタリと止まってしまったのです。

「なんだ、このガキは」

私は何も言えず、硬直していました。足元にうずくまっているおっちゃんは鼻と口から血を流し、肘と膝が擦り剥けていました。

「こいつはな､借りた金を返さない極悪人なんだ。だから、お仕置きをしているだけなんだ。お前はママの所に帰りな」

「もうすぐ、おまわりさんが来ます」

私はイチかバチかの嘘をつきました。

「おまわり?　そんなの誰が呼んだんだ?」

男のひとりが探るような目で私を見下ろしました。

「僕です」

私はまっすぐに男を睨み返しました。

男は口端を片側だけ上げると、

「おい、ずらかるぞ」

もうひとりにそう言うと、突っ掛けを鳴らしながら去っていきました。

「おっちゃん、大丈夫？」

私はしゃがみこんで手を貸しました。

「これが、大丈夫に見えるか？　イテテ」

ようやく立ち上がったおっちゃんでしたが、すぐに植え込みの縁石に座り込んでしまいました。

「坊主。すまんが、今日の将棋はなしや」

おっちゃんはそう言いました。

「それは別にいいけど……」

同じように縁石に腰掛けた私は、その先を言おうか躊躇しました。

「けど、なんや？」

「借りたお金は、ちゃんと返さないと」

おっちゃんは笑おうとして傷が痛んだのでしょう、顔を歪めました。

「そやな。借りた金はきっちり返したんや。けど、利子が払えんねん」

おっちゃんは、切れた唇で煙草をくわえました。私は何も言わず野次馬のいなくなった商店街を見ていました。

「ホンマおおきにな。嬉しかったで」

おっちゃんは煙を吐き出しながら、ぼそりと言いました。

翌日、重富酒店に行くと、顔を腫らしたおっちゃんがいつもの席に座っていました。

「おっちゃん、顔、すごいですよ」

私は苦笑いすると、向かい側に座り駒を並べ始めました。

「僕がおっちゃんに勝ったら、そのホッピーを飲んでもいい？」

おっちゃんがいつも飲んでいた瓶には『ホッピー』と印刷されていました。口に出してみると、幸せな気分になれる響きでした。

「魔法の黒い水をか？　もちろん、ワシに勝ったらいいで。まあ、無理な話だけどな」

おっちゃんはわざとらしく、グラスに口をつけました。

「なあ、坊主、将棋大会に出てみんか？」

駒を並べ終えたおっちゃんが言いました。

「え？　僕はここでおっちゃんと将棋ができればそれでいいよ」

それは私の正直な気持ちでした。

「阿呆。そんなんじゃ、わしには一生勝てへんで。上達には実戦が一番なんや」

大会は毎年十月に、団地内の公民館で開催されるとのことでした。

「目指すは優勝や。まずは、この団地内で一番になれ」

「なれるかな」

「なれるに決まってるわ。それにな、大会で勝つと大きな自信がつく。坊主に一番必要なやつや」

おっちゃんはかすれた声で笑いました。

C

「あっちゃん、あなた、重富酒店で何してるの？」

夏休みもあと数日となったある朝、母親が言い出しました。

「え、別に。駄菓子を買っているだけだよ」

私は平静を装いました。

「他には？」

「他？　他にはないよ」

「嘘おっしゃい。変なおじさんと将棋をやってるんでしょう？」

「変なおじさんじゃないよ！」

私は思わず反論してしまいました。

「トシくんのお母さんが教えてくれたのよ。あなたが毎日、重富酒店に入り浸って汚いおじさんと何かやっているって」

「おっちゃんに将棋を教わっているだけだよ」

観念した私は母親から目線を外しました。

おっちゃんと将棋を指していることをずっと黙っていたのは、私の中でどこかうしろめたさに似た気持ちがあったからかもしれません。

「とにかく、もう行くのはやめなさい」

母は腰に手をあてながら、言いました。

「なんで？」

「なんでって、あそこはお酒を飲む場所なのよ。子供が行っちゃいけない所なの」

「お酒じゃないよ。魔法の黒い水だよ」

「何わけのわからないこと言ってるのよ。とにかく、今日から行っちゃダメよ。それに、宿題は大丈夫なの？」

夏休み中の母親は不機嫌な事が多く、私はうなずくことしかできませんでした。

もちろん、素直に従うつもりはありませんでした。夏休みが終わり、二学期が始まっても私の重富酒店通いは続きました。帰宅するとすぐに家を飛び出していく私の姿を、母親は訝しげな表情で見ていましたが、何も言ってはきませんでした。

あっという間に九月も下旬になり、風の中に涼しさが混じり始める頃でした。

突然、おっちゃんが姿を消しました。重富酒店にも姿を見せなくなり、団地内で見かけることもなくなってしまったのです。

私は重富酒店の店主におっちゃんの居所を尋ねました。ですが、店主の答えは意外なものでした。

「住所？　知らないよ。名前だって知らないんだから。飲んだくれて、どこかでぶっ倒れているんじゃないか」

私は呆気にとられました。

「一応、客だから文句は言わなかったけど、ああ毎日来られたんじゃ、こっちが迷惑だったんだよ」

いつも柔和な表情だった店主の顔は、能面のようにのっぺりとして見えました。

「だから角打ちなんて賛成できなかったのよ」

やり取りを聞いていた店の奥さんが、店主に食ってかかりました。

「そもそも、駄菓子を売りたいっていったのはお前だろう」

「駄菓子は成功だったじゃないの。わたしは店で飲ませるのは反対だったの」

「ああそうか。それなら、いっそ駄菓子屋にでも鞍替えするか！」

店主は声を荒らげて駄菓子の棚を蹴飛ばしました。私は夫婦喧嘩が始まる前に店を退散しました。

店主といい、この前の野次馬といい、大人はなんて冷たいのだろうと私は思いました。

こうなったら、自力でおっちゃんを探し出すしかありません。ですが、名前も知らない男の行方など、誰に聞いてもわかるはずもありませんでした。

頼りになるのは友達しかいません。

「いいよ。みんなで探しに行こうぜ！」

かっくんやたーちゃんはおっちゃんの捜索を快諾してくれました。私たちは団地内はもちろん、外に広がる雑木林にまで捜索の輪を広げました。

結局、おっちゃんを見つけることができないまま、大会の日がやってきてしまいました。私は辞退しようかと何度も考えましたが、それはおっちゃんを裏切る気がして、出場することにしました。

私はたったひとりで会場に向かいました。心細さで団地内の見慣れた公民館が知らない場所のように感じられました。受付には予想外に多くの人がいて、私はさらに不安な気持ちになりました。

会場には、ぎっちりと長机とパイプ椅子が並べられていました。出場者の年齢は様々で、私と同じ小学生から、学ランを着た中高校生、大人や高齢者もいました。緊張していた私の目には、その全員が強敵に見えました。

定刻になり、席に座ると私はナップザックからコーラを出しました。私はコーラを魔法の黒い水だと暗示をかけ、飲み干しました。

結果は見事な全勝優勝でした。正直なところ、物足りませんでした。私の棋力はいつの間にか級位者を大きく上回っていたのです。

とはいうものの、表彰式で賞状とメダルを受け取った私は、味わったことのない喜びが湧き上がってくるのを感じました。

それまでの人生の中で、一番になったり表彰されたりすることが一度もなかった私にとって、将棋大会での優勝は大きな自信をつけてくれました。

その場におっちゃんがいてくれれば、どんなに良かっただろう。私は何度もそう思うのでした。

D

おっちゃんが団地外の病院に入院していることを知ったのは、将棋大会が終わって間もなくのことでした。

私はある土曜日、その病院に自転車で向かいました。もちろん、親には内緒です。

病院は想像以上に大きな総合病院でした。

私はエントランスに掲げてある案内板を見て、病室の位置を頭に叩き込みました。そして、怪しまれないように自然な素振りでエレベーターに乗り込みました。

病室階に着くと、私は端の病室から覗き込んでいきましたが、扉が閉まっていたり、カーテンがかかっていたりして確認できないベッドが多く、私は不安になってきました。

「おう、誰かと思えば、坊主やないか」

すれ違いざまに声をかけられ、私は驚いて顔を上げました。そこには杖をついた男が立っていました。

「お、おっちゃん？」

私は恐る恐る声をかけました。

「そうや。どうしたん？　こんなところで」

確かにおっちゃんの声でした。ようやく会えた喜びよりも先に、私はおっちゃんの変貌ぶりに絶句せざるをえませんでした。

元々痩せていた身体はさらにやせ細り、腕は小学生の私より細く見えました。髭を剃った顔は骸骨のようで、落ち窪んだ眼球だけがやたらと大きく見えました。

「なんや、手土産はないんかい」

見舞いに来たことを告げると、おっちゃんはいつもの調子でそう言いました。

「病室は相部屋なんや。屋上行こか」

おっちゃんはゆっくりと歩き始めました。

屋上には、いくつかベンチが置かれていて、午後の穏やかな日差しが降り注いでいました。

「それで、持ってきたんやろ、盤を」

ベンチに座ると、おっちゃんは指先で駒を挟む真似をしました。

「おお、ひさしぶりやな」

マット盤とプラスチック駒を見て、おっちゃんは嬉しそうな顔をしました。

私は駒を並べながら将棋大会の結果を報告しました。

「ワシが教えたんや、負けるはずないやろ」

そう言うおっちゃんは、嬉しそうなドヤ顔でした。

ベンチに跨っての対局は、すぐに私が優勢になりました。

おっちゃんは時折、苦しそうに咳をしながら駒を進めました。細くなった指先は小さく震えていました。

「全然、ダメやな」

おっちゃんは、猫背をさらに丸くして顔を横に振りました。

私はこのままいけば初めておっちゃんにハンデ無しで勝てると思いました。ですが、弱ったおっちゃんに勝っても嬉しくありません。

「魔法の黒い水さえあれば、こんなん簡単に逆転するんやけどな」

おっちゃんは憎らしげに盤上を睨みながら、そう呟きました。

「僕、買って来ようか」

私の言葉におっちゃんは目を輝かせました。

「ホンマか。ホンマに買ってきてくれんのか」

「うん。ホッピーでいいんだよね」

「そうや、そうや。ホッピーや！」

興奮したおっちゃんの声が思わず大きくなりました。

「おっちゃん、シーッ」

私は慌てて人差し指を鼻の前で立てました。

「くれぐれも、ナースのお姉ちゃんたちに見つからんようにな」

「うん。わかってる」

私はベンチを立つと、ナップザックを背負いました。

「ほな、行ってくるわ」

私はおっちゃんの関西弁を真似しました。

「坊主」

背中から呼び止められました。

「お前、金、持っとんのか？」

私はピースサインをすると、駆け出しました。

あちこち自転車を走らせ、汗だくになりながら病院に引き返した私は、ホッピーとコーラの瓶をナップザックに忍ばせ、屋上へと急ぎました。

誰もいなくなった屋上の隅で、おっちゃんは煙草を吸っていました。

「どや、あったか？」

おっちゃんは煙草を灰皿に入れると、えずくような咳をしました。

「遅れて、ごめん」

私はホッピーとコーラの瓶をベンチに置きました。

「おっ、これや、これや」

「お酒は買ってないよ」

「これさえあれば大丈夫や。ホンマに坊主は優しいな。これから女にごっつモテるで」

「この前は、モテないって言ったくせに」

おっちゃんはホッピーの瓶をおもむろにつかむと、奥歯でホッピーの栓を開けました。そして、瓶を傾け喉に流し込みました。喉仏が生き物のように上下に動きました。

「ふーっ、生き返る。やっぱり、ホッピーは美味いのう」

口を拭ったおっちゃんは、しみじみと言いました。

「それじゃ、再開や」

おっちゃんはベンチに跨りましたが、コーラの瓶を持ったままの私を見ると、

「そういうときは、ベンチの角とか硬いところで開けるんや。貸してみ」

おっちゃんは器用に王冠を開けてくれました。泡が勢い良く吹き出してきて、私の足にかかり、二人で笑い合いました。

狐につまれるとは、きっとこういうことを言うのでしょう。その後の指し手は、本当に魔法のようでした。

勝ちを意識していた私が油断していたところもあったのでしょう。しかし、それだけではありません。魔法の黒い水を飲んだおっちゃんは、私の読みを超えた手を連発し、次第に局面を盛り返してきたのです。

盤を見つめるおっちゃんの眼差しには、以前の鋭さが甦っていました。

私は負けたくはないと思いました。コーラを口に含み、

深呼吸をした私は気持ちを落ち着かせ手を進めました。

長い対局でした。優劣のわからない局面がしばらく続きました。私とおっちゃんは時間を忘れて盤上に没頭していました。

「これで、逆転やっ！」

おっちゃんが力強く角行を打ち込みました。

「あっ！」

私は思わず声を漏らしました。

その数手先に、私の王将が詰まされる局面がはっきりと見えたのです。

「なあ、おっちゃん」

私は帰る間際になって、ようやく聞きたいことを口にしました。

「なんや」

おっちゃんは力を使い果たしたようにグッタリとしていました。

「病気は治るんだよね？　戻ってきてくれるんだよね？」

「あたりまえだのクラッカーや。将棋と一緒や。これを飲んだワシは無敵なんや。病気なんかに負けるはずあらへん」

おっちゃんはホッピーの瓶を持つと、莞爾《かんじ》として笑いました。

※

それが、おっちゃんとの最後の対局になりました。

その年の暮れ、おっちゃんは亡くなりました。結局、私はおっちゃんに勝つことが一度もできなかったのです。

それから、三十年が経ちました。将棋は今も続けていて、私の人生の一部になっています。将棋と同様に私にとって欠かせないものがもうひとつあります。

今、私の手元にはホッピーの瓶があります。そう、おっちゃんの大好きだったあの瓶です。その隣にはキンミヤ焼酎のお洒落なボトルもあります。これもおっちゃんが飲んでいたのと同じ銘柄です。

「ねえ、パパ。いつも、なに飲んでるの？」

盤を挟んだ向こう側には、息子が座っています。将棋を覚えたばかりの息子は、局面を悪くして不貞腐《ふてくさ》れています。その姿を微笑ましく眺めながら、私はホッピーに満たされたグラスを傾けました。

「これか？」

私はニッコリと微笑むと、答えました。

「魔法の黒い水だよ」

佳作⑧

# 親父達の馴れ初め

真間タケ
53歳・東京都・建設業

妻と嫁は、午前中から、ずっと忙しそうに家の中を動き回っている。私は、妻から、

「今日のお昼は、コンビニで済ませちゃうから、お父さん、何か適当に買ってきて」

と、頼まれた。

自分達夫婦、嫁と孫のカナとヨシキの昼飯を、コンビニに買い出しに行った。普段、それ程コンビニに行くこともない私は、コンビニの弁当や総菜のラインナップの多さに驚いた。嫁や孫の喜びそうな物を選ぶと、買い物かごは、直ぐに一杯になってしまった。足りないよりは、いいだろうと思いレジに向かう。家の中が、バタバタしているので、弁当類は、全て温めてもらった。私は、ドサッとリビングのテーブルの上に買い物袋を置いた。その袋の中身を妻がチェックしている。

「あら、わざわざ、温めてもらったの。バラバラに食べるんだから、食べる人が、その都度、温めればいいのに」

「……」

「それにしても、随分と買ってきたわね。食べ切れないじゃないの。おにぎりとサンドイッチ位で良かったのに」

私のする事は全てお気に召さないらしく、ブツブツと小言を呟く。そのくせ、家事の合間に、自分だけ、

「あー、もう、お父さんが、デザートなんか買ってくるから、食べちゃうじゃない。また、太っちゃうわ」

と、大文句をたれながら、甘い菓子を頬張っている。

「それは、孫のおやつに買ってきたんだ」

と、言い返したいところをグッと堪え、無用な争いを避けるのが、賢明な夫である。

女性陣の様子を見て、私も何か手伝いたいとも思うのだが、声を掛けても、返って面倒臭そうな顔をされそうなので、大人しく趣味の釣り竿の手入れをしていた。私の前を通る妻が、その釣り竿の先に引っかかる。「何故、私が竿を伸ばしている先をわざわざ歩くのか」と、本当に不思議でたまらない。三回目に、妻が、釣り竿に引っかかった時、

「もう、あんた達ったら、邪魔でしょうがないわ。お風呂でも、行って来て頂戴」

そう言うと、忌々しそうに引き出しからタオルを二本取り出した。

「はい、夕方六時には、ご飯にするから、それまでには帰って来てね」

タオルを渡された私に、選択の余地は無い。もう一人の「あんた達」である孫のヨシキに声をかける。

「おい、ヨシキ、大きなお風呂行くよ」

「わーい。大きなお風呂。やったー」

リビングで盛大に線路を広げて、寝っ転がりながら電車を動かしていたヨシキが、ムクッと起き上がり、嬉しそうに飛び跳ねた。

「カナも、一緒に行くかい？」

私は、小学校三年生になった孫娘に声を掛けてみた。これでも、一応、彼女に気を使ったつもりでいたのだ。

「ダメよ。条例で、私は、もう男湯に入ってはダメなのよ。それに、男湯なんてキモイし」

と、ケンモホロロである。本当に、女性の扱いは、難しいものである。

私は、ヨシキを連れ、近くの銭湯へ向かった。

馴染みの銭湯は、今でも薪を焚いて湯を温めている。湯銭は、自動販売機になっていて、お金を入れると、入浴券が出て来る仕組みだ。ヨシキが、発券ボタンを押したがるので、抱っこして押させてやる。大人一人、小人一人の券が、ガチャンという音と共に取出し口に出てきた。番台が無くなった代わりに、男湯と女湯の入り口の中央が、フロントになっている。

「大人一人、小人一人ね」

と、言って入浴券を渡す。

「はい。ごゆっくり」

と、フロントの親父が返事をする。脱衣所は、全て鍵付きのロッカーになっている。いつの頃からか、脱衣籠が消

えていた。

「じいちゃん、あれ、なぁに」

ヨシキが、指をさす方を見ると、最近では、すっかり見る事が無くなったアナログな体重計があった。「そうか、ヨシキは、見たことがないのか……」と、心の中で思う。

「体の重さを図る機械だよ」

そう言って、素っ裸のヨシキを体重計に乗せた。古い体重計は、ビヨーンと針を震わせて動き、やがて、止まった。

「これが、ヨシキの重さだよ。どれどれ、十八キロだな」

「ふーん」

「こらこら、壊れるから、計りの上で、ピョンピョン動いてはダメだ」

針が動くのが面白いのか、つま先立ちになって、踵を落として遊ぶのを制して、体重計から下ろし、浴場へと向かった。デジタルの体重計しか見たことが無い、これも時代の流れである。

タイル張りの床と壁、高い天井、排煙窓、時々落ちてくる滴、響く水と桶の音、人の声。古いが、掃除が行き届いている浴場は、とても気持ちがよいものだ。身体を流し、のんびりと、手足を伸ばして、大きな風呂につかる。少しピリッとする熱めの湯の刺激が、何とも心地よい。

洗面器に入れたお湯に石鹸箱を浮かべて遊んでいるヨシキに声を掛ける。

「ヨシキ、少しは、湯船に入って、温まりなさい」

「えー、熱いからやだ」

「ダメだよ。風邪ひくから」

「もう、しょうがないなぁ。じゃぁ、うめてよぉ」

仕方なく、他に湯船につかっている人に声を掛ける。

「すみません、少しだけ、湯をうめて、いいですか」

「どうぞ、銭湯の湯は、子供には熱いからねぇ」

「すみません」

蛇口をひねり、勢いよく水を足す。

「ほら、入れ」

湯をかき混ぜながら、ヨシキを湯船に入れる。

ヨシキが、湯船に入ると、直ぐに水を止めた。

「まだ、熱い」

不服そうにヨシキが口をとがらせて抗議する。

「大丈夫。直ぐなれる」

「えー。熱いよ」

文句を言っているうちに、どうやら落ちついた様子で、湯船の縁を電車の線路に見立てて、遊び始めた。

「ぼく、いくつだい?」

そんな様子を眺めていた、坊主頭のおじさんに声を掛けられていた。ヨシキは、振り向いて、

「五歳」

と、答えた。しかし、手の指は、四を示していた。

「ヨシキ、それは四だろ。五は、パーだろ」

ヨシキに手を広げて見せながら言った。

「あ、そうだった」

もう一度、はにかんで
「五歳」

と、言い直す。

「そうかい、お利口さんだね」

軽く、ヨシキの頭を撫でて、その人は、風呂からあがっていった。

「お利口さんって、言われた」

「そうか、よかったな」

すっかり温まったのか、ヨシキの頬は、赤くなっていた。

着替えを済ませたヨシキが、

「おじいちゃん、コーヒー牛乳飲みたい」

と、マッサージチェアーでくつろいでいる私に言った。

「もっと、いいものを飲むから、少し我慢しなさい」

「もっと、いいもの。もっと、いいものって何?」

「ここを出てからのお楽しみだよ」

銭湯を出て、路地を二つ折れると、焼き鳥屋の「鳥正」がある。親父の代からの昔馴染みの飲み屋である。店先に置いてある樽の中には、串や柳川鍋にされるドジョウがウネウネと泳いでいる。ヨシキは、珍しそうに覗きこんでいた。縄のれんをくぐり、店の中に入る。

「いらっしゃい。あら、ボクちゃんも一緒なのね。いらっしゃいませ」

明るいおかみさんに促され、カウンターに並んで座る。

「何になさいます?」

「ホッピーの白で。チビには、オレンジジュースをお願いします」

「チビじゃない。ヨシキだよ、ヨ、シ、キ」

「はい。ヨシキちゃん、少し待っててね」

おかみさんが、そう言うと、ヨシキは、満足そうに頷いていた。

奥から、しっかりと凍らせてナカを注ぎ入れたグラスと、茶色い小瓶のホッピーが運ばれてきた。ヨシキの前には、サクランボが一つ入った、オレンジジュースだ。

ホッピーを勢いよく注ぐ。私は、昔ながらの三冷が、一番しっくりくる。泡の量は、好みだが、私は、しっかり泡

を立てる。ヨシキと乾杯をした後、ギュム、ギュムっと音を立てて、カラカラに乾いた喉に、冷たいホッピーを流し込む。ホッピーの爽やかさと冷たさに潤されていく。これが、何と最高に旨いことか。

「はぁー」

至福のため息と共に、声が出る。ヨシキも「ぷはー、旨いね」と、大人の真似をして言う。

思わず、笑ってしまう。

L字のカウンターは、三の三で六人掛け。小さな小上がりに、座卓が二つ。店の角の天井下に、テレビが吊り下げてある。おかみさんが、気を利かして、ヨシキの為にアニメ番組にしてくれた。ヨシキは、焼き鳥をツマミにして、オレンジジュースを飲みながら、大人しくテレビに見入っていた。カウンターごしに店主と言葉を交わす。店主は、親父より六歳年下だったはずだ。子供の頃からの顔見知りで、親父を「兄さん」と呼び、後を追いかけては、一緒に遊んでいたらしい。

「何だか、懐かしいですね。昔、兄さんが、やっぱりお孫さん連れて、銭湯の帰りに寄ってくれたのを思い出します」

「そうですか」

「きょうは、息子さんは?」

「仕事でね。もう、ボチボチ家に来ている頃だと思うんですが」

たわいもない世間話をしていると、ふと思い出した様に店主が言った。

「そう言えば、昔、女将さんと奥さんが、二人で見えたことがあったんですよ」

「へぇ、お袋と女房がですか」

「確か、風呂の釜が壊れたからって事で、やっぱり風呂の帰りだったと思いますよ」

「それで、二人で飲んでいたのですか」

「ええ、丁度、ホッピーの黒が販売されて。二人で、一本を半分ずつ、ナカも半分ずつ」

「そうですか。儲からない客ですみませんね」

「いやいや。嬉しそうにホッピーを飲みながら、女将さんが旦那さんとの馴れ初め話をしてましたよ」

店主の話では、親父が、お袋に一目ぼれをし、何度も、猛アタックして、やっとデートにこぎつけた時の事らしい。まだ、金もあまり持っていない貧乏な若者だったので、安い酒場にくらいしか行けなかったという。しかし、そんな安い店でも、親父は、お袋をまるで貴族のお嬢様でも、扱うように接したというのだ。椅子に掛けようとすると、サッと椅子を引き、座面にハンカチを敷いてくれたという。まるで、外国映画のヒロインにでもなった感じだったそうだ。どんな酒でも、これで割れば上手くなると大流行していたホッピーをその時、初めて飲んだという。その時も、カクテルでも作る様に、丁寧に、ホッピーを注いでくれたというのだ。店主の話を聞いているうちに、古い白黒の写真に、確かに当時の映画スターの様なポーズをとった若い両親が写っていた事を思い出した。

「いや、初めて聞きました。少し、気恥ずかしいですが。親父がねぇ」

「でも、その時の女将さんの嬉しそうな懐かしそうな笑顔が、随分と印象的で、心に残っているんですよ」

「そうですか」

そう言えば、仲の良い夫婦で、言い争いや喧嘩をしているところは、一度も見たことが無かった。無口な親父と働き者のお袋のイメージしか無かったが、そんな時代もあったのかと、しみじみ感じるのだ。

ガラガラと遠慮がちに、店の引戸を開ける音がした。

「あっ、パパだ」

ヨシキの声で、入口の方を振り向くと、息子であった。

「どうしたんだ」

「早めに仕事を切り上げて、実家に行ったら、父さんたちが風呂に行っているから、あんたも行けって、言われて。あっ、黒のホッピーセットをお願いします」

なるほど、折角、「あんた達」を成敗したら、残党が現れたわけか、妻め。

息子は、氷を入れてもらったグラスに、静かに黒ホッピーを注いでいる。店によっては、最初から、グラスに氷を入れて供する場合もある。これはこれで、ありなのだ。

改めて、三人で乾杯した。ヨシキが、私と息子のグラスを不思議そうに見つめて、聞いてきた。

「ねぇ、じいちゃんのは、黄色なのに、パパのは、どうして黒なの？」

「よく見ているね、ちょっと味が違うんだよ」

「どう違うの」

「黄色は、白って呼ばれていて、さっぱりしているんだ。黒は、コクと甘みが強いんだよ」

「ふーん、サイダーとコーラみたいだね」

「お、上手い事言うね。凄いね」

私は、さっき店主から聞いた、両親の可愛らしい恋の話をツマミに、息子と飲んでいた。すると息子が、自分も嫁と付き合うきっかけになったのが、ホッピーだと言うのだ。

二人が、まだ学生の頃の話だ。サークルのコンパがあり、先輩が、問答無用で人数分のホッピーを頼んだという。息子は、嫁がお酒に弱いことを知っていたので、嫁のグラスのナカを全部、自分のグラスに移してあげた。そして、こっそりジンジャーエールを頼んで、ホッピーで割って、飲ませたそうだ。嫁は、その飲みやすさと美味しさに、とても感動したらしい。

無事に宴会が終わり、カラオケに行くグループ、飲み足りなくて梯子するグループ等、バラバラになった。息子と嫁は、何となく、流れで一緒にいた。息子の足元が、ふらついている事に嫁が気付き、近くの公園のベンチに腰掛けて、楽しくしゃべりながら酔い覚ましをした。

それ以来、お互いの距離が近くなっていったというのだ。

「父さんは、何か無いの。母さんとの思い出の話」

「どうかなぁ、無いなぁ」

と言って、言葉を濁した。有っても、話す訳がないのだ。

私が、社会人になって五年目の二十七歳の頃、初めて妻に出会った。妻は、取引先の新入社員だった。幼さが残る可愛い娘で、私は、一目ぼれだった。そこは、親父と同じだ。私は、妻の顔を見たくて、何だかんだと理由を付けては、取引先を訪ねていた。若い娘が喜びそうな物を自腹で買っては、土産でもらったからと嘘をついては、渡したり、どうにか気を引こうと、健気な努力を重ねていたのだ。

挨拶だけの関係から、少しは世間話が出来るようになった頃、今日こそは、デートに誘うと決め取引先を訪ねた。ところが、いつも妻が座っている受付兼事務の席には、見慣れない四角い顔の中年の女がいた。私は、その女性に妻の事を尋ねると、妻は、結婚し休暇中だと言うのだ。土産の洒落たお菓子を渡し、スゴスゴと取引先をあとにした。ショックで、その日は、仕事をする気にもならず、三時過ぎからやっている居酒屋が目に留まり、吸い込まれるように店に入った。こういう時は、やけ酒に限る。ホッピーと適当なツマミを頼み、飲み始めた。

三杯目のホッピーを飲んでいた時だった。妻が、突然、目の前に現れた。自分が、酔っているのか、それとも惨めたらしく幻を見ているのかと、目をこする。

「昼間っから、何しているんですか」

怒った口調で言い、私の向かいの席に腰掛けた。

「あれ、新婚旅行の真っ最中じゃないの」

「やっぱりね。もう、佐藤なんて苗字、沢山あるでしょう」

「えっ」

「私は、今日、頼まれて外出していただけ。会社に戻ったら、絶対、貴方からのお土産だって分かるお菓子が、あったから」

「じゃあ、結婚したのは、別の佐藤さんなの」

「そう。私の留守番してくれた人に聞いたら、もう今にも消えてしまいそうな感じで出て行ったって言うから」

「良かった。結婚してなかったんだ」

「もう、心配して損したわ」

ふくれっ面の妻をなだめ、酔った勢いも加勢して、自分の気持ちを打ち明けたのだった。妻は、笑って頷いてくれた。そして、ホッピーで乾杯したのだった。

懐かしい話である。思い出すと、自分の若さに笑ってしまいそうになる。さて、土産の焼き鳥も、出来上がったようだ。

勘定の時、ふと思いつき、

「ホッピーを少し分けてもらえるかな」

おかみさんに、頼むと快く応じてくれた。

焼き立ての焼き鳥と、白と黒のホッピーが二本ずつ入った袋をぶら下げて歩く。家に戻る道が、夕日に照らされて真っ赤に見えた。秋の深まりを感じさせた。

家に戻ると、夕飯の支度は済んでおり、私達の帰りを待っていた。テーブルに、何も置いていない大皿が一つ。妻に土産の袋を渡すと、まだ、温かい焼き鳥を、その皿に盛りつけた。私が、お土産を持って帰ると、踏んでいたらしい。

「あっ、ママ、ただいま」

ヨシキが、嫁を見つけると飛びついた。

「お帰り、大きいお風呂、どうだった?」

「ちょっと、熱かったけど、気持ちよかった」

「そう、よかったわね。あれ、口の周りが、汚れているね。どこか行ったのかな?」

「ううん。僕ね、オレンジジュースなんて飲んでないよ」

「そうなの。偉いね。他には?」

「焼き鳥も食べてない、テレビも見なかった」

「そっかー。凄いね」

嫁は、笑いをこらえている。

「あとね、ポッピーは、ビールみたいだけど、ビールじゃないんだよ。黄色のサイダー味の白と、コーラ味の黒があるの」

「ホッピーの事ね。凄い社会勉強してきたね、ヨシキ」

嫁は、ヨシキの頭を撫でながら嬉しそうに答えていた。

私は、食後、直ぐにリビングでうたた寝をしてしまったらしい。目を覚ましたのは、夜の十時を回った頃だった。テレビをつけ、ボーっとしていると、妻が、風呂からあがってきた。

「あら、目が覚めたの」

「ああ、皆は？」

「もう、休んでいるわよ」

「そうか」

「お目覚めになった事だし、お義父さんを送ってあげましょうか」

　よく冷えたグラス、金宮、そしてホッピーを盆に載せた妻が、親父の祭壇のある和室へと向かった。

　静かにホッピーを作り、祭壇に白と黒のホッピーを備えた。線香を焚き、妻と二人で手を合わせた。

　母が、亡くなり、それから半年も経たずに後を追うように父が亡くなった。明日は、その父の四十九日を迎える。母が眠る墓へ、父を納める日だ。

「親父、お疲れ様。そして、本当にありがとう。あっちで、お袋と仲良く一杯やってくれ」

　寂しさは、あるが、それ以上に感謝の思いが溢れてくる。

　さて、妻と二人、ホッピーを傾けながら、夜の更けていくのを楽しむとしようか。

　終戦で日本は、大きく変わった。そして、戦後から現在まで、人から人へとバトンを渡し続けている。ホッピーの茶色い小瓶は、いつも隣で静かにそれを見つめてきたに違いない。

佳作⑨

# 家族での初めての飲み会

坪内裕朗
25歳・神奈川県・会社員

バイト帰りの小田急線に揺られながら、少しわくわくする気持ちと、少し不安な気持ち、そして少し恥ずかしさを感じながら、窓の外を眺めていた。

夕焼けに染まった多摩川の土手に、小さな子供二人とお父さんであろう男性が走っている姿が見える。そういえば、僕も小さい時は家族で多摩川によく行っていたなと、ふと思い出した。

今日は父の還暦のお祝いとして、初めて家族五人で、居酒屋でお酒を飲むことになったのだった。

初めて家族で飲みに行くわくわくと、二歳上の兄の翔《かける》、一歳下の妹の華《はな》と久々に話す不安と、家族で飲む照れくささを感じずにはいられなかった。

僕含め、兄弟みんな、まだ実家で暮らしている。

ただ、僕が中学生高学年になった頃くらいから、兄とも妹とも、数えられるくらいしか顔を付き合わせていない。

別に何かあったわけではない。各々家にいる時間が少なくなり、たまに顔を合わすと気まずさを感じ、自然と疎遠になっていったのだった。

今日も、家から家族と共に居酒屋へ向かうのが気まずく、意図的にバイトを入れたのだった。

ブゥッとポケットに仕舞っていたスマホが鳴り、手に取ると、ＬＩＮＥが来ていた。

ＬＩＮＥを開くと、家族全員が入ったトークルームで、母が僕宛にメッセージを送ってきていた。

「華に教えてもらって、家族のトークルーム作りました☆

拓以外、みんな揃っているよ☆」

拓は僕の名前である。

そして、そのメッセージの後に写真が送られていた。

それは、居酒屋の席に座る家族の写真だった。

満面の笑みの母親、無表情にしようとしながらも口元が緩み嬉しそうな父親、そしてぶっきらぼうな表情の兄、嫌がったように俯《うつむ》きながらも表情は笑顔な妹の姿が写っていた。

みんな大きくなったなぁ、父も母もいつのまにこんなに老けていたのか、と感じた。

同じ家に住んでいるのに、写真を見るまで気がつかなかった。

「今日は社会人1年目の翔の奢りです☆

そして、成人を迎えた華のお酒を解禁します☆」

写真に続き、母が送ってきた。

「奢りじゃない」

すぐに兄が送った。

「大学で散々飲んでいるので、解禁じゃない」

それに続き、妹も送った。

いつもどおり、テンションの高い母と、あきれながらもどこか楽しそうに会話する兄と妹、それを嬉しそうに見ている父の姿が頭に浮かんだ。

ふと顔を上げると、外は日が暮れ、街灯の灯りが目立ち始めていた。

社内アナウンスが、次駅が僕の最寄り駅であることを告げた。

僕の不安な気持ちはさらに強まり、このままずっと電車に乗っていたいなとさえ思った。

最寄り駅に着くも、すぐに居酒屋に向かう勇気が出ず、駅前の喫煙所で一服する。

スマホを見るも、ＬＩＮＥは、ぱたりと来なくなっていた。

お酒も入り、盛り上がり始めているのかもしれない。

ふとそんな考えが浮かび、僕のいない家族四人の席で笑い合っている姿を想像すると、急に寂しさが沸き起こってきた。

僕が産まれた翌年に妹が産まれたこともあり、両親に構ってもらえた時間が少ないせいか、時々寂しくなることがある。今回のもそれと同じ感情だった。

僕はまだ吸いかけのタバコの火を消し、足早に居酒屋へと向かった。

居酒屋へ入り、店内を見回していると、
「拓、こっち」
と大きい声が聞こえ、振り向くと、手を挙げて振ってい
る母がいた。
僕の緊張と不安は、いっきに恥ずかしさへと変わった。
「店の中で大きい声で呼ばないでよ」
と怒り気味で僕が言うと、
「居酒屋なんだから誰も見てないよ、そんなことより一杯
目何にするの」
と母が言った。
いつもなら恥ずかしがっているであろう兄と妹は笑って
いた。
「この店はホッピーがおすすめだよ」
父が言った。
テーブルを見ると、妹以外、ホッピーを飲んでいた。
「じゃあそれで」
僕は、母が手渡そうとしたメニューを手に取らず、そう
言った。
実際に僕は、ホッピーは見たことはあるが、飲んだこと
はなく、どことなく、もっと大人の飲み物だと思っていた。
ホッピーを頼んだ僕は、大人になった自分を家族に見せつ
けることができるような気がして、少し誇らしげな気持ち
になった。
僕の一杯目が来ると、父がソトを持ち、注ぐか？　と聞
いてきたので、頷いた。
父は僕のグラスにソトを注いでくれた。
僕も父にソトを注ごうとすると、
「いい。好みの濃さがあるから」
と言われた。
僕が父にソトを注いでもらったその行為に対し、「お前
はまだホッピーをわかっていない」と言われたような気が
して、恥ずかしくなった。
思っていた以上にホッピーは難しい。
「じゃあ、皆揃ったので、もう一回乾杯しよう。遅れてき
たあんたが音頭をとりなさい」
と母に言われた。
僕がグラスを持つと、家族みんなの視線が僕に集まった。
僕はまた緊張感が増し、心臓の鼓動が聞こえるのと同時に、
結婚式の乾杯の挨拶もこんな感じなのだろうかとふと思っ
た。
僕は控えめに、「お父さん、還暦おめでとう。乾杯」と
言った。

母が、「あんた、もっとシャキッとして言いなさいよ。おめでとう、乾杯」と言い、グラスを上げ、みんなで乾杯をした。

家族五人での初めての乾杯だった。

初めて飲んだホッピーは、想像以上に強く感じた。

僕はすぐにソトを注ぎ足そうとしたが、父や兄に飲めないと思われるような気がして、注ぎ足すのをやめた。

「こんな日がくるとはねぇ」

父が満足そうに言った。子供たちとお酒を飲めるようになったことと、そこまで育て上げ還暦を迎えた自分への満足心なのだろうと勝手に解釈し、感謝なのか尊敬なのかわからないが、僕の中に込み上げる感情が少し涙腺を刺激した。父も心なしか目が充血しているように見えた。

確かに僕も、兄と妹がお酒を飲んでいる姿を見ると、「こんな日が来るとは」と思わずにはいられなかったし、不思議な光景に感じた。

やはり、僕の中の兄弟の思い出は、幼いときから止まっているようだった。

そんなことを考えながら、兄弟の飲んでいる姿を見ていると、ふと幼いときのことを思い出した。

父も母も毎日お酒を飲んでおり、時折、僕たちが遊んでいる中に割り込んできて、戦いごっこやテレビゲームで勝負を挑んでくるなど、めんどうくさく絡んでくるのだった。

その中でも特に覚えているのが、小学生の頃、兄の友達がうちに泊まりに来たときのことである。僕ら兄弟三人と兄の友達一人の計四人で、寝る前にテレビゲームをやっていると、酔った父と母が、割り込んできて、大はしゃぎしていた。

兄の友達はその光景が珍しかったのか、最初は驚いていたものの、のちに大笑いし、楽しそうにしていた。

そんな中、兄は、友達の前で両親が酔っ払っている恥ずかしさから、両親に怒っていた。妹も「酒臭い」と言い嫌がっていた。僕自身は、両親の楽しそうにしている姿は嬉しいと感じつつも、兄に同調し、怒った。

その後、両親は渋々ぼくらの部屋から出て行ったが、その後も兄は不機嫌なままだった。

そして翌日、兄の友達が帰ったあとに、兄は、僕と妹に向かって「おれらは大人になってもお酒を飲まないようにしよう」と言った。僕と妹は頷いたのだった。

そんな思い出にふけっていると、兄が大きく手を上げ、「すみません、ナカください」と言った。

それに合わせて父が、

「あ、ナカふたつください」

さらに母が、「みっつお願いします」と言った。

僕は、それに続き、「よっつでお願いします」と言って、グラスの残りを一気に飲み干した。

兄もよく酔っ払って陽気になり帰ってくることがある。「お酒を飲まないようにしよう」と言った約束なんて、何も覚えていないのだろう。

僕はというと、少し酔っ払うと、この兄との約束が頭をよぎり、飲むペースを抑えるのだった。兄との約束だったからなのか、あの時の両親のような酔い方をしたくないからなのかは自分でもわからない。ペースを落とさなければならないという強制感に駆られるのだった。

ただそんな僕とは対照的に、兄はベロベロになるまで飲んでいる。

兄も所詮は一人のお酒に飲まれる人間なのだと感じ、何故か安堵した。

しばらくすると店員さんがやかんを持ってやってきた。

「このやかんでナカを注ぐので、ちょうどいいところでストップと言ってください」

父が、「これがこの店の凄いところなんだ」と自慢げに言った。


どうやら、ナカを好きなだけ注いでくれるらしい。

まず兄が注いでもらう。ナカがグラスの半分を超えてもまだストップとは言わない。

母が、「ほどほどにしときなさいよ」と言ったが、満面の笑みでもっと注ぐことを期待しているようだった。

結局グラス九分目までナカが注がれたところで兄がストップと言った。自分はお酒が強いと言わんばかりの表情であった。

続いて父のグラスに注がれる。ナカがグラスの半分を超えてもまだストップとは言わない。父は息子に負けてられるかと、上機嫌になっていた。

結局グラス九分目までナカが注がれたところで父もストップと言った。ほんのわずかだが、父のグラスのナカのほうが、兄のナカよりも多く、父は勝ち誇った顔をしていた。兄は笑っていた。

続いて母のグラスに注がれる。ナカがグラスの半分を超えてもまだストップとは言わない。

母が、「これ貧乏性でちゃって、なかなかストップって言えないわね」と言い、グラス八分目でストップと言った。父も兄も笑っていた。

続いて僕のグラスに注がれる番になる。母は、八分目のナカに、色付け程度のソトで割ったホッピーを飲みながら、「せっかくなんだからたくさん注いでもらいなさい」と言い出した。

僕は引くに引けず、グラス八分目でストップと言った。妹が、「大丈夫？　飲めるの？」と聞いてきたので、とっさに「飲めるよ」と強い口調で返した。

僕が半分ほど、飲み進め、ナカを注ぎたそうとしている時、父も母も兄もほとんど飲みきっていた。どうやら、ソトはほとんど注ぎ足していないようだった。

ただ、父も母も兄も呂律がまわらなくなってきていた。どうやらみんな、酔っ払ってきている。

よく父も母も兄も泥酔して家に帰ってきていたが、このペースで飲んでいれば当然だなと感じた。

今日の飲み会は僕がしっかりしなければいけないと強く思った。

結局、お会計は兄が出してくれた。

お店を出ると、父は転び、立ち上がれない様子で、母は座り込み、背中をさすっていた。

兄は駅前のバス停のベンチに座り込んでいて、妹が水を買い、兄に渡していた。

僕はその、両親と兄がベロベロになっている姿を呆然と見ていると、子供の時に酔った両親に感じた、嬉しいけど恥ずかしい気持ちを思い出した。ただ今日は嬉しさのほうが強い気がした。兄が家族の前であんなに楽しそうに笑い、それに対し両親がとても楽しそうにしていた光景は純粋に嬉しかった。

そんなことを考えていると妹が私の方に向かってきて、「こういう風に家族で飲めるって、いい家族なのかもね」と言った。

僕は「そうだね」と答えた。

母が七人乗りのタクシーを停め、父と乗り込み、僕らに向かって、「皆乗って。拓は翔を連れてきて」と言った。

そういえば、高校生くらいのときは、兄と僕が気まずそうにしているのを解消しようと、母が無理やり二人で何かをさせようとしてきて、僕はそれが物凄く嫌だったことを思い出した。

ただ今日は、お酒が入っているせいか、僕自身大人になったからなのか、そこまで嫌にはならなかった。

僕は兄の座るバス停のベンチへ行き、兄の肩を叩き、「行くよ」と言った。

兄は、「ああ」と言ったあと、「今日、楽しかったな」と言った。僕は突然のことに驚き、少し間を置いたあと「うん」と言った。

　すると兄が、「子供の時は、酔った親が嫌だったし、お酒なんて絶対飲まないと思っていたけど、今となると全部良いなと思える」と言った。

　それを聞いたとき、僕は身体がすっと軽くなった気がした。

「ただ自分の子供が小さいうちは、あんまり酔った姿見せないようにしたいな」

　兄はそう言い、笑っていた。

　僕は、「そうだね」と言って笑った。

　次は僕もベロベロになるまで飲んでみようと思った。

佳作⑩

# 二度目のクリスマス

朝倉みず
41歳・高知県・音楽家

シクラメンが冬に咲くことを教えてくれたのも原賀先生だったと思う。

「夏の間は眠って過ごすの」

白いプラスチック製の鉢を優しく撫でながら、先生はそう言ったんだっけ。

その時の先生の顔はうまく思い出せないけれど、先生の指の動きは思い出せる。しなやかで大人びていて、薄黒く日焼けした私の汗ばんだ指とは別の世界の生き物みたいだった。

とても暑い日だったと思う。のっしりとした入道雲が校庭をじっと見下ろしていて、私は何人かのクラスメイトと一緒に、教室のベランダに咲いた色とりどりの花の前に立っていた。

十一歳の私。

思い出そうとすれば、意外と多くのことを思い出せるもんだ。教室の木の香りも、廊下ではしゃいでいた男子たちの声も、まるで今もすぐそばにある出来事みたいに鮮明に蘇ってくる。

おかしなことに、クリスマスで賑わう都心の駅のホームで、私は九年前の夏の日のことを思い出している。

本格的な寒波が訪れた東京では、行き交う人々の吐く息は皆白く、こんなにも冷え込んだ冬の日に、遠い昔の夏の出来事をぼやぼやと空想しているのは、きっと私だけだろう。

　駅の構内にあるケーキ屋の前では、サンタクロースの格好をした店員が、頬を赤く染めながら呼び込みをしている。その様子を見ていると、私の思考はまた目の前にある冬にゆっくりとシフトチェンジした。

　でも、男子たちの声、と思い出したところで、やっぱり斉木くんのことを思い出した。その中には斉木くんもいたはずだから。そしてまたその追憶が、私をある夏の回想の中に引き戻し、私の体温を少しだけ上昇させた。

　正直言うと、小学校を卒業した後も、斉木くんのことは何度か思い出した。だけど彼は、私とは別の私立の中学に行ってしまったので、この九年間まったく会うことはなかった。

　最後に覚えている彼の顔は、卒業式で校歌を歌っている時の顔だった。実際には、彼はろくに歌ってはいなかったけれど、皆が校歌を斉唱している間、硬く口を閉ざし何かを噛みしめるような表情で天井を見つめていた。

　せめて卒業式の日には好きだった気持ちを伝えればよかった、と後になって思ったけれど、そんな勇気なんてなかった。彼が私のことをただの友達としてしか見ていないことは百も承知だったし、卒業したらもう会うことがないのだとしても、私はその友達関係を壊して終わりたくは無かった。それと、私の気持ちはもうすでにある場所に忍ばせてあったのだから。

「未来の自分に贈り物をしましょう」

　と、原賀先生が言い出したのは、九年前のある冬の日だった。

　小学校で過ごす最後のクリスマスに自分へのプレゼントを用意して、成人を迎えた年のクリスマスにそのプレゼントを開封する。未来の自分へ贈るタイムカプセル。先生は帰りの会でクラスのみんなにそう提案した。

「自分が自分のサンタクロースになるの」

　しなやかな人差し指で、自分の胸のあたりを二、三度軽く叩きながら、先生はそう付け加えた。

　先生の目には、いつもの穏やかさにほんの少し力強さも混ざっていて、まるで「その頃には立派な成人になっていなさいね」と、心の奥で私たちに語りかけているようにも見えた。

「成人」と言う言葉は、遠い未来のことにように思えた。

　それが大人になることを意味するということはわかってはいたけれど、子供と大人という区分がまだ漠然としか掴めなかった。ただ、子供じゃなくなるということには、何かに対する離別や決別という悲しい意味合いが含まれているような気がして、私は大人になりたいなんて全然思わなかった。

「けいちゃんはプレゼント何にする？」

その日の帰り道で智ちゃんが訊いてきた。

「タイムカプセルってなんだかわくわくするよね。未来の自分が貰って喜ぶものって今とは違ってるのかなあ」

智ちゃんは家が近所だったこともあって、一年生の頃からよく一緒に遊ぶ幼馴染みだった。おっとりとした性格だけど、身体つきはクラスの中でも大きい方で、近所の人たちにはもう中学生に間違われるくらいだった。

「私はまだ決めてないな。智ちゃんは？」

「うーん、お花とかだと枯れちゃうし、お人形なんてセイジンした自分は欲しくないかもしれないもんね」

成人という言葉を、まるで熟知したもののように強調しながら智ちゃんはそう言ったけれど、その響きは背中に背負った赤いランドセルとはとても不釣り合いに思えた。

「物とかじゃない方がいいのかもね。たとえば写真とか手紙とか」

「あ、それいいね。そういうのの方が開けた時に懐かしく思えてうれしいかもね。私そうしようっと。自分に宛てた手紙」

私の案に満足した様子で、智ちゃんはいつものように八重歯を見せてにこやかに笑った。ただその時の笑顔は少し大人びた顔つきで、なんとなくセイジンになった時の自分を意識しているようにも見えた。


自分への手紙を書こうと思ったものの、それから数日の間手つかずのまま、イブの夜になってしまった。

自分に対してどんな言葉を書けばいいのか、まったく浮かばなかったのだ。薄いグリーンの下地に様々な星座のイラストが描かれた便箋には、「こんにちは。元気ですか？」という粗末な書き出しだけが書かれていた。

自分への手紙を書いても、自分はその内容を知っているわけだし、驚きや喜びもあまりないんじゃないか、という気もしてきていた。いっそ、誰かに宛てた手紙を書いてみようか。例えば、智ちゃんや原賀先生に宛てた手紙。家族に宛てた手紙でもいい。

そう思っている時に、付けっ放しにしていたテレビの内容が目に止まった。ある男性がクリスマスイブの夜に好きな女性にプロポーズをする、という番組だった。白いスーツを着た男性が片膝をついて女性に花束を捧げ、女性は涙ぐんで首を縦に振っていた。

素敵だな。聖なる夜に好きな人に捧げる言葉。そう思った時、自分でもびっくりするほど自然に斉木くんの顔が浮かんだ。そして、心臓がばくばくと高鳴ったことがはっきりとわかった。隣に座って一緒にテレビを見ていた父に、私の心臓の音が聞こえてしまうんじゃないかと一瞬不安になったけれど、幸い父には気付かれていないようだった。

斉木くんとは五年生の時に同じクラスになった。そして、理科の実験で同じグループになった時に初めて会話をした。会話といっても大した内容ではなく、私の顕微鏡の使い方に、斉木くんが「そうじゃないよ」とか「こうやるんだよ」とか言って、私はただ彼の忠告に頷いているというだけのものだった。

斉木くんがあれこれと操作した顕微鏡を覗き込むと、そこにはいつも見たことのない世界が広がっていた。黄金色に輝くタンポポのめしべやおしべ、力強く枝分かれしたアジサイの葉の葉脈、宝石みたいに透き通ったメダカの卵。そのどれもが神秘的に見えた。そして彼はいつも得意げな顔で「ね、すごいだろ」と、私に言うのだった。

自分の気持ちにはっきりと気が付いたのは夏季合宿の時だった。合宿では、私はまた斉木くんと同じグループになり、夕方にはみんなで一緒にカレーを作った。男子が薪に火を起こし、女子が野菜を刻み、それをまた男子が次々と鍋の中に放り込む。斉木くんは首にかけたタオルで時々汗を拭いながら慎重に鍋をかき混ぜ、出来上がったカレーをみんなによそってくれた。私が嫌いなにんじんを紙皿の隅に残していると、「俺がもらうよ」と言って斉木くんは全部食べてくれた。

その姿がなんだか格好良く見えた。

私は成人になった斉木くんに手紙を書くことにした。今の斉木くんにラブレターを書くことなんて到底できないけれど、未来の彼にだったらなんだか書けるような気がした。恥ずかしさも照れくささも、時間が全部解決してくれるような気がした。それに、大人になった斉木くんになら、もしフラれたとしても「これは過去の気持ちだよ」と言って、うまく取り繕えるような気がした。

私は自分の部屋に戻って新しい便箋を取り出し、書いては消して、消しては書いて、未来の斉木くんに宛てた手紙をなんとか完成させた。けれど、夜遅くまで書いていたせいで、手紙を読み返しているうちにいつの間にかパタリと眠り込んでしまった。

案の定、翌朝寝坊をした。母の声で飛び起き、急いで学校に行く支度をした。枕元には昨夜父が忍ばせてくれたであろうクリスマスプレゼントが置かれてあったけれど、開けている暇もなく部屋を飛び出した。が、一度部屋を出た後、書き上げた手紙を忘れていることに気付き、慌てて部屋に戻って手紙をポケットに突っ込んだ。そして、食パンを掻き込み玄関を出ようとした時、あることに気が付いた。

手紙を入れる封筒を用意してなかったのだ。

手紙を裸のまま持っていけば、タイムカプセルに入れる前にクラスの誰かに読まれてしまうかも知れない。そうなったらみんな大騒ぎするだろう。

私は急いで手紙を入れられるものを探した。その時、キッチン台の上に置かれた飴色の空き瓶が目に止まった。昨夜父が飲んだと思われる飲み物の空き瓶だった。私は咄嗟にそれを手に取り、飲み口から手紙をねじ込んだ後、ダウンの襟元からお腹の位置にしまい込んだ。学校まで走る途中、お腹の前で瓶が跳ねないように、ポケットに入れた両手で瓶をぎゅっと握りしめていた。

「けいちゃん、手紙書けた?」

学校に着くと智ちゃんが話しかけてきた。

智ちゃんは周りに見られないように、ピンク色の封筒を両手で胸元に当てていた。

「あ……うん。一応書けたよ」

「そっか。じゃあ、セイジンした時までの秘密だね」

まさか斉木くんに宛てた手紙を、父が飲んだ空き瓶の中に入れているなんてことを智ちゃんに言える訳もなく、そうだね、と言って誤魔化しておいた。

帰りの会の時に、原賀先生がクラスみんなのタイムカプセルを回収した。幸い、先生は白い大きな布袋を持って順番に一人ひとりの席を廻ってくれたので、私は誰にも知られずに空き瓶を先生に渡すことができた。ただ、私が差し出した空き瓶をちらっと見た原賀先生が、少し含み笑いをしたような気がして、私はあからさまに赤面してしまった。

電車を降りて見覚えのあるホームに立つと、懐かしい匂いがした。

私は中学を卒業した後、親の仕事の都合で千葉から東京に引越しをしたので、この駅に降り立つのは本当に久しぶりだった。駅の周辺が開発されて、少し都会的な雰囲気に変わってしまっているけれど、駅前の中華料理屋や古本屋は昔のままだった。

　今夜の同窓会の会場は、小学校の近くにあるホテルで行われることになっていた。一度、従姉妹の結婚式で、両親に連れられて訪れたことのあるホテルだったけれど、当時の私はまだ幼かったのでほとんど記憶に残っていない。

　開場の時刻までにはまだ少し時間があるので、回り道をして小学校を見に行ってみることにした。駅から十数分、かつて通い慣れた道を歩くと、差し掛かった夕陽の中に懐かしい校舎が見えてきた。

　運動場の前に立つと、当時は広いと思っていたグラウンドが、ものすごく小さかったことに驚く。鉄棒や滑り台は新しい色に塗り直され、カラフルな装いになっている。校庭の隅にあるガーデニングスペースに目をやると、白やピンクのシクラメンが咲いているのが見えた。

「夏の間は眠って過ごすの」

　原賀先生が言った言葉をまた思い出して、私は手袋越しの自分の指に視線を落とした。成人になった私の指は、あの時の先生の指みたいに大人っぽくなっただろうか。そんな風に自分の指を見ていると、腕時計の針がまもなく五時を指そうとしていることに気付き、私はホテルの方に向けて足早に歩き始めた。

　ホテルの入口には「佐倉市立志津第一小学校様」という札が掛けられていて、それを見た途端、かすかな緊張感が込み上げてきた。みんなどんな大人になっているんだろう。みんなは私のことを覚えてくれているんだろうか。原賀先生は？　智ちゃんは？　そして斉木くんは？

　ホテル脇の木々に装飾されたイルミネーションみたいに、期待と緊張が心の中で交互に点滅しているような感覚を覚えた。

　その時だった。後ろから誰かに名前を呼ばれたような気がした。

　私は振り向くまでのほんの数秒の間に声の主を瞬時に想像してみたけれど、自分の記憶の中には、当てはまる声色の人物はいないように思えた。でも、この呼び方。どこかで聞いたことがあるこの独特の語調。私は確かに、この人に何度か名前を呼ばれたことがある。それはいつのことだっけ。教室、廊下、それと理科室。そうだ。そして私の名前を呼んだ後に、この人はこう言ったんだ。「そうじゃないよ。こうやるんだよ。ね、すごいだろ」と。

　振り向いた先に立っていたのは、グレーのスーツを着た見覚えのない男性だった。でも、私にはそれが誰だかもうわかっていた。

「斉木くん」

私がそう呼ぶと、彼は照れくさそうに笑みを浮かべ、右手で頭の後ろを掻く仕草をした。

「久しぶり。佐々木」

彼の声は当時より随分と低くなっていたけれど、私の名前の呼び方、そして語調は以前のままだった。身長は私よりはるかに高くなっていて、少し長めに伸びた髪は、ワックスで清潔にまとめられていた。

「大学のゼミが少し長引いちゃってね。よかった、なんとか間に合った」

大学、ゼミ。そうだ、私たちはもう大学三年の歳なのだ。

「そうなんだね。私も大学の授業が終わってからそのまま来たよ。少し早めに着いたから先に学校を見て来たけどね」

「学校？」

「うん。小学校。久しぶりに見たらなんかすごく小さく感じたよ」

そう言うと、彼はくすりと笑った。

「それは佐々木が大きくなったからだよ」

斉木くんの言う通りだ。自分が大きくなったから、いろんなものが小さく見えたのだ。でも、それはつまり、当時のサイズ感を自分がまだ潜在的に覚えているということだから、人間の記憶というものはすごいなと思う。

「そんなに大きくなったかな、わたし」

「そりゃ当時に比べたらね。でも佐々木あんまり変わってないね」

「え？　そうなの？」

斉木くんにそう言われて少し驚いた面持ちで聞き返してみたけれど、内心は少し嬉しかった。当時の自分が斉木くんの記憶の中に今も残っているんだな、と思ったからだ。

「あ、もう始まるね。行こうか」

「うん」

私たちは一緒にエレベーターに乗り込み、会場に向かった。エレベーターを降りると、すでに何人かが受付に並んでいる。誰だっけ？　と思う人もいるけれど、一見してすぐに思い出せる人もいる。私は斉木くんと受付を済ませ、会場の中に入った。席は指定されていなかったので、そのまま斉木くんの隣の席に座った。

間もなく同窓会が始まろうとする時、二つ隣のテーブルから手を振っている人物が見えた。眼鏡をかけていたので一瞬わからなかったけれど、印象的な八重歯で智ちゃんだとわかった。当時の身体つきの面影はすっかり無くなり、ほっそりと美しい体型に変貌していた。

天井に設置されたスピーカーからクリスマスソングが流れ、舞台の袖の方からマイクを持った女性が現れた。あまりの変わってなさに驚いた。原賀先生だ。

「メリークリスマス！」

原賀先生は右手を頭上に力いっぱい広げながら、びっくりするくらい元気な声でそう言った後、「それでは授業を始めます」と、冗談を言って会場の笑いを誘った。

「今日はみなさんに会えてとても嬉しいです。みんな、本当に素敵な成人になりましたね。先生はみんなの分と同じだけ歳をとってしまいましたが、まだまだ若々しく頑張っています。今日は懐かしい話をみんなでいっぱい語り合って、人生の新たな出発の日にしましょう。それではみなさんの成人をお祝いして、乾杯！」

先生がシャンパンの入ったグラスを掲げると、会場のクラスメイト全員がそれに呼応した。私も先生の方に向かってグラスを掲げた後、隣の席の斉木くんや近くに座った何人かの旧友と乾杯を交わした。

それからみんなといろんなことを語り合った。大学生、専門学生、浪人生、警察官、アパレル店員、家業の畳屋。それぞれがそれぞれの方向に人生を歩み、喜びを見つけたり、悩みを抱いたりしていた。でも、共通して言えるのは、みんな変わったようで変わっていないということ。誰もが当時の面影を残していて、誰と話をしても、まるで当時の教室で話しているような錯覚に陥る。そんなクラスメイトというものの存在がとても貴重に思えた。

智ちゃんも大学に通っていて、今は小学校の教員免許を取ることに励んでいるということだった。辿々《たどたど》しい口調で「セイジン」と言っていた智ちゃんは、立派な「成人」になっていた。そのことがとても嬉しく、同時に、とても勇気付けられた気がした。

しばらく歓談の時間が続いた後で、原賀先生が再びみんなの注目を呼びかけた。

「では、みなさん。あのクリスマスに日に集めたものを覚えていますか？」

きた、と私は内心思った。

「皆さんから預かったタイムカプセルを今からお返しします。これは当時のみなさんがサンタクロースになり、今の自分自身に贈ったクリスマスプレゼントです」

先生はそう言ってホテルのスタッフに合図をした。すると、別のスタッフが舞台袖から大きなテーブル引いて現れた。テーブルの上には、ぬいぐるみ、ロボット、手作りの人形、ポーチ、Tシャツ、お面、漫画本、瓶、封筒などなど、様々な物品が並べられていた。

「自分が贈ったものがどれかはわかるはずです。それでは前に取りに来てください。メリークリスマス！」

みんながぞろぞろと舞台の方に歩き出したので、私は少し待ってから席を立とうとしたけれど、後に残ると余計に目立ってしまうような気もして、心持ち早めに舞台前方に向けて歩み出した。

何の心配もなく、自分のものはすぐにわかった。あの日、斉木くんへの手紙をねじ入れた瓶。学校まで走る途中ずっとダウンの中で握りしめていた瓶。ホッピーというラベルの貼られた飴色の瓶。

私はその瓶をそそくさと手に取り席に戻った。すると、ちょうど斉木くんも何冊かの漫画本を手に、席に戻ってくるところだった。

「佐々木、渋いなあ。ホッピーの瓶をタイムカプセルに入れてたの？」

「あ、ええと、うん。渋いでしょ」

私は斉木くんに手紙の存在を見られないように、すぐに瓶を鞄の中にしまおうとしたけれど、もうバレてしまっていた。

「中の手紙、何？」

「あ、これはね……うん、手紙。あれ？　手紙なんて入れたっけかな……」

などと言って誤魔化そうとしたけれど、このまま手紙を斉木くんに見せずにいることは、当時の自分に対して何となく後ろめたい気がした。当時の私は、今の私が斉木くんに渡してくれることを願ってこの手紙を書いたのだ。それにこの手紙の内容は、小学六年生の女の子が書いたものだ。たぶん今の彼なら笑って読んでくれるだろう。

「えっと、これね。実は斉木くんへの手紙なんだよね。読みたい……？」

「俺への？」

「うん。て言うか、読みたい？　もし読みたくなければ……」

「いや、読みたいよ」

斉木くんは私の言葉を遮ってそう言うと、自分が使っていた割り箸の反対側を瓶の口に入れ、手紙をほじくり出し始めた。すると、いとも簡単に手紙は瓶から飛び出し、斉木くんの膝の上にぱさりと滑り落ちた。そして、「さ、どんな悪口かな」と笑いながら斉木くんは手紙を広げた。私も当時自分が書いた手紙の内容が気になって、時々斉木くんの表情を脇目で伺いながら、脇から一緒に手紙を覗き込んだ。小学六年の佐々木少女の手紙にはこう書かれてあった。

**未来の斉木くんへ**

**お元気ですか？　十一歳の佐々木です。**

**今日はクリスマスです。たぶん斉木くんがこの手紙を読んでいる日もクリスマスだと思いますが、同じ日ではありません。わたしは子供で、斉木くんは大人だと思います。でも子供と大人とか、何が違うのか正直よくわかりません。未来のわたしにはその違いがわかるのかもしれないけど、今のわたしにはわかりません。ただ、わたしは斉木くんのことが好きです。きっとその気持ちは大人になっても変わりません。大人になんてなりたくないから、その気持ちも変わりたくありません。**

**斉木くんはわたしに顕微鏡の中のすばらしい世界を見せてくれたり、わたしの嫌いなにんじんを食べてくれたりしてくれましたね。すごくうれしかったです。それと、そんな斉木くんをすごくかっこいいと思いました。**

**もしもこの手紙を読んだ未来の斉木くんがわたしのことを好きになってくれるなら、すごくうれしいです。今のわたしのことをじゃなくて、未来のわたしのことをです。斉木くんが未来のわたしを好きになってくれるように、わたしはそれまでがんばろうと思います。未来のわたしがきれいな大人の女性になっていたら、それは斉木くんのためです。**

**小学校でのすてきな思い出をたくさんありがとう。**

**メリークリスマス**

手紙を読み終えた斉木くんが何かを言おうとした時、原賀先生が締めの挨拶を始めたので、斉木くんは何も言わず、手紙とホッピーの空き瓶をそっとスーツのポケットにしまい込んだ。原賀先生は少し涙ぐんだ声で「これらも素敵な人生を歩んでください」とみんなに激励の言葉を送った。そして最後にみんなで校歌を歌った後、一本締めで同窓会は幕を閉じた。

ホテルから外に出ると、さっきよりもぐっと気温が下がっていた。でも、頬をかすめる冷たい風が、熱《ほて》った身体にはとても心地よく感じた。ホテルの前では、各々が別れの挨拶を交わしている。共に貴重な幼少時代を過ごし、数年後のクリスマスに再会したクラスメイトたちが、またそれぞれの人生に向けて旅立っていく。人生って不思議だな、と思った。

「今日は久しぶりに会えてよかったよ。ゼミも頑張ってね」

斉木くんにそう言って、私もその場から立ち去ろうとした。斉木くんからさっきの手紙の反応を聞くことが、正直、少しだけ怖くもあったのだ。けれど斉木くんは私の肩をそっと掴んで、

「手紙、ありがとうな」

と、白い息を吐き出しながらそう言った。

「ううん。びっくりしたでしょ。でも気にしないでね。ずっと前のことだし。それに……」

私がその場を取り繕う為の言い訳を、あれこれと頭の中に巡らせていると「あのさ」と、斉木くんが言った。

「ん?」

「これ、飲みに行かない?」

そう言って斉木くんはポケットから何かを取り出した。暗くてよく見えなかったけれど、イルミネーションに反射して独特の飴色がきらりと光った。ホッピーの瓶だった。

「よかったら一緒にホッピー飲みに行かない? 俺たちもう焼酎も飲める歳だし。こんなの見せられたら無性に飲みたくなっちゃってさ。まだ終電までも時間あるし。それに手紙の返事も……」

今度は私を引き留める為の言葉を、斉木くんが頭の中で巡らせる番だった。でも私は即答していた。

「うん、行こう」

そうして私たちは近くの居酒屋に向けて歩き出した。途中でふとホテルの方を振り返った時に智ちゃんの姿が見えた。智ちゃんは私たちに大きく手を振ってくれていた。その時にようやくわかった。智ちゃんには私の気持ちなんて、とっくにバレていたんだな、と。

正直、私はホッピーの飲み方をよく知らなかった。確か父は、何かのお酒に混ぜて飲んでいた気がする。でも心配はなかった。私が間違った飲み方をしている時には、きっと斉木くんがこう言ってくれるだろうとわかっていたから。

「そうじゃないよ。こうやるんだよ」と。

# 我らホッピーファン

# 「Let's まぜこぜ! Get in touch! かんぱーい!」

東ちづる
女優・(一社) Get in touch 代表

一般社団法人「Get in touch」は、誰も排除しない「まぜこぜの社会」をめざしています。二十年以上単独で社会活動をしてきた私でしたが、二〇一一年の東日本大震災をきっかけに、「福祉施設、支援団体、企業、超党派の政治家、省庁とつながりながら活動しよう!」と仲間たちとスタートさせました。

メンバーは皆、本業があります。カメラマン、ライター、デザイナー、営業マン、美術家、小学校の校長先生、大学教師、税理士、などなど。その本業のスキルや経験、人脈などを生かしてボランティアで活動するという、「プロボノ」スタイルです。ただし、本業や家族が優先、できる人が、できる時に、できる事をする。無理は禁物。これが鉄則です。

活動の軸は、アートや音楽、映像、舞台などのワクワクするエンターテイメント。すでに私たちは色とりどり、「多様性溢れる社会」で一緒に生きているということを可視化、体感する空間、時間を企画、運営しています。

とは言え、ボランティア活動、福祉・社会活動はとかく泥臭くなりがち、見られがち。そこも変えたかった。スタイリッシュにキュートにカッコよく。

なので、理事などのコアメンバー二十人と、二百人以上のボランティアやサポーターとの交流会はとても大事です。楽しい時間、空間の中で、新たな人間関係を築きながら、情報や信頼をシェアしていきたい！

そこで、ホッピーが大活躍です！

普段から愛飲している人たちはもちろんのこと、初めて手にする人も「Let's まぜこぜ！ Get in touch！かんぱーい！」とグビグビプッハー。アルコールが苦手な人は、ノンアルのままなのに同じように見えるのでこれまたグビグビプッハー。障害の有無、国籍、宗教思想、肩書き、ジェンダー、セクシュアリティなど、あらゆる違いをヒョイと乗り越えて、同じ地球人として、「まぜこぜ」にグビグビプッハー。

違う人同士が交流するということは、違う文化が融合するということ。知識や理解は及ばなくても、一緒にいればわかってきます。失敗や間違いから気づきがいっぱいあります。ホッピーと同じですね。ブレンドは自由自在、自分次第ですから。Get in touch の活動は、ホッピーさんの協賛あってこそ。つながりに感謝です。

次のイベントも、打ち上げのグビグビプッハー！が今から楽しみです。

# 冒険家と修行僧

大鶴義丹
俳優・小説家・映画監督

男も女も五十歳を過ぎると、友達との付き合い方も変わってくる。昔のように、損得なしの熱い友情なんてものは、いつの間にか絶滅危惧種になってくるものだ。

仕事との関係が最も濃くなる年齢なので、それは正しい変化であろう。何かと忙しい毎日だというのに、友情がどうのこうのと言っている方がどうかしているだろう。

当然、表面的であったり、反対に面倒なタイプの友達というのは、自ずと縁が薄れていくものである。

しかしそれでも途切れない友達がいるものだ。

そんな友達というのは、お互いに全く別のタイプの人生を歩み、お互いに無駄な見栄や主張をしたりせず、相手の話を楽しく聞き合えるようなタイプだ。

私は仕事でとても嬉しい結果が出せた時、そんな友達を呼び出して飲みに行くことがある。

彼とは中央線の高円寺でホッピーを飲むことが多い。高架下の美味しい馴染みの店で、ＢＧＭは電車が過ぎていく音だ。頭上から響くあのゴトゴトという「名曲」も、慣れてしまうと心地が良い。

そしてちょっとだけ酔っ払って、ひとしきり饒舌になってしまう。

次の日、少しハシャギ過ぎたかなと、その友達にメールを出すと、「お前の話をタクサン聞けて楽しかった」と返事が来る。

私は「次回はこっちが話を聞く」と返信し、一ヵ月後に再び高円寺で彼の話をタクサン聞くことになる。

私達は共に五十一歳同士、そんなゆったりとしたお互い様の関係が心地良い。そんな繰り返しがもう二十年以上も続いている。

そしてある時、私達は飲み方がそれぞれ違うことに気がついた。

私は「外中のセット」で足早に攻めて行くのが好きで、彼は濃い目の「三冷」でひたすらじっくりと。そして私は必ず後半で、「シャリ金」に浮気をする。

彼はそんな私のことを、相変わらずの冒険家だと笑い、私は彼のことを、まるで静かなる修行僧だなと笑う。

全く違うタイプの中高年二人だが、どうしてか、好みの店は必ず一緒なのが不思議な限りである。

# ホッピーとわたし

大宮エリー
作家、脚本家、画家

ホッピーは嗜好品である。

出会いは、撮影でよくお世話になっていたヘアメイクさんと仕事終わりに居酒屋へ。

「あ、僕、ホッピー」

「あ、私は、えっと、」

ビールを頼んだと思う。そして、ヘアメイクの男性に聞いた。

「あのう、ホッピーって何ですか?」

私はそのとき監督業をしていた。ヘアメイクさんはとある俳優さんの専属のかただった。

「ホッピー?そうねぇ、これは、ホッピーでしかないんだけど。ビールもよく飲んでたけど、ちょっと痛風が気になっちゃって。ビールみたいな感じもあるんだけど中が焼酎で、ぐいぐいいけちゃうんだよね。ホッピーに変えてからはさ、むしろこっちが好きになっちゃって」

二杯目から私もホッピーとやらを頼んでみた。

「あら!さわやか!」

「でしょ?」

わぁ、はじめての感覚。ほんとに、サラサラ、ぐびぐびいけるのである。しかも、ハムカツに合う。串揚げに合う。

「ね？」

「これ、いいですね。油物と最高のパートナーですね！」

他にも、素敵なフレンドシップはいろいろ見つかった。モツ煮込みとか、味の濃いものとの相性は特に抜群。

「知らなかったー、しかも、カロリー低いですね。糖質も」

一回り年上の人生の、酒場の先輩は
「そうなのよぉ、僕もね、うまいだけじゃなくてさ、やっぱ、からだが資本だから、からだに気を使うようになっちゃったわけ」

そんな出会いだったわけだが、そのとき感じたのは、なんだか大人の飲み物だというときめき。慣れていないと頼めないハードルの高さ。

「中、とか、外とか、なんなんですか？」

さらには、黒と白もあるわけで。なんて、通《つう》なお酒なんだ！

「中ください！」と頼む時に少し背伸びして内心どきどきした感覚を覚えている。

いまでは自他共に認める酒飲みになってしまった私は、タモリ倶楽部で、よくお酒企画に呼ばれるようになる。

ホッピーの中を焼酎ではなく違うもので飲んでみるという、なんとも、ディープでマニアックな回に呼ばれた時、ホッピー社長のミーナさんと出会った。オトナ、の階段をのぼりきったなぁと感慨深かった。

そして、ここ数年は、画家として海外でも個展をするようなアーティスト活動がメインになっているのだが、瀬戸内のアートで有名な犬島で、またミーナさんとごいっしょする。島で採れた柑橘を合わせたホッピーを、シャンパングラスでいただいた。

大人の女の、おしゃれな味わい。甘くて少しほろ苦い。

考えてみたら、人生の景色は変われど、ずっと、そばにホッピーがいたんだなあ。

# 生まれて初めて飲んだ酒

小野寺五典
衆議院議員

ホッピーは私が生まれて初めて飲んだ酒です。初めての酒がホッピー?意外ですよね。正直私もそう思います。実際、私の生まれ育った東北地方ではホッピーという言葉すら当時知られていませんでした。

もう三十年以上前になります。東北の田舎から大学進学で東京に出てきたとき。大学の寮に入寮した夜が、私にとって初めての酒、そしてホッピーを経験した瞬間でした。四月初め、まだ少し寒さの残る夜でした。歓迎会だと寮の先輩たちに連れられ、北品川の焼き鳥屋に。

「大将、ホッピーね」と年長の先輩が注文。ホッピー?初めて聞く名前でした。店に貼られている料金表を見ると、ビール三百五十円、ホッピー二百円。意外と安い。ホッピーという言葉の響きは軽やかな、少しコミカルな響き。ビールを薄くしたような色合いの炭酸水にレモンスライスが入っていました。炭酸ジュースみたいな印象で、勧められるままにホッピーをごくり。「まずっ」。口のなかに広がったほろ苦さは今でも思い出します。これが私のホッピー初経験でした。

大学生になったんだという高揚感もあったのでしょう、先輩から勧められるままに一杯、二杯。「こいつ飲めるな」そんな声を遠くに聞いた覚えが。あとは記憶がありません。ホッピーが言葉の響きとは異なり、実は結構強い酒だと知ったのは、翌昼、寮で目覚めたときでした。それ以来、大学四年間、私の酒は経済的理由もありホッ

ピーとなりました。

大学卒業後は郷里にもどり、地方公務員として働き始めました。残念ながら東北地方の居酒屋ではホッピーを見ることがありません。社会人として多少酒代にも余裕ができ、会合ではもっぱらビール党に。ホッピーのほろ苦さも忘れかけていました。そんな中、様々な紆余曲折があり、今の衆議院議員としての政治家生活がスタートしました。もちろん国会会期中は東京中心です。夜の会合も多くなりましたが、ホッピーのあるお店に巡り合う機会はありませんでした。

そんなときです。東日本大震災から一年ほどたったあと、宿舎近くの赤坂を歩いていたら、郷里の酒の看板がある居酒屋が。めずらしいなと思い暖簾をくぐりました。カウンター越しにママさんに郷里の酒が置いてある理由を聞くと、震災復興支援のため被災地の酒を置いているとのこと。感謝の意味も込め足繁く通うことに。

何度か行くうちに、メニューの隅にホッピーの文字が。「ホッピーあるんですか?」と聞くと、ホッピーは赤坂生まれ、もちろんありますと。思わず何十年かぶりに注文しました。

久しぶりに見たホッピーは以前と同じ。ビールを薄くした色合い、カットレモンもついていました。「ごくり」「うまい」。学生時代には苦いと思ったホッピーの苦みが、むしろ美味しく、入れられた焼酎の深みを引き立たせる感じがしました。気が付いたら「酒を覚えて数十年、いろんな人生経験を経て数十年、ようやく大人の味がわかる年代になった」とカウンター越しにママさんに解説していました。

今ではこのお店に入ると真っ先にホッピー白、そして数杯飲んだあとはホッピー黒を頼むのがルーティーンとなりました。私にとってホッピーは初めて飲んだ酒、そして少し人生を経験して、あらためて美味しさがわかる酒となりました。

今日も元気に働こう、健康に留意しよう。そして夜には気の合う仲間や家族とホッピーを。これが今の私の人生目標かもしれません。

# 私の身体の水分の半分は、ホッピーで出来ています

ねづっち
お笑い芸人

初めてホッピーを飲んだのは二十六歳の頃。私の師匠である漫才コンビ「Wエース」の谷エースに連れられて行った居酒屋でした。

ふと壁の貼り紙に書いてある「ホッピー」の文字が目に入り、師匠に「ホッピーって何ですか?」と聞くと、「ビールテイストの飲み物でな、焼酎と割って飲むんだ。飲んでみるか?」

そう言われ飲んでみたホッピーの感想は、「スッキリしていて飲みやすい」。

最初は周りがやっているようにジョッキに氷を入れ、いわゆるナカ、ソトの飲み方をしていましたが、ある日入った居酒屋のご主人にジョッキ、

焼酎、ホッピーを冷蔵庫でギンギンに冷やして氷を入れずに飲む「三冷ホッピー」を教えてもらいました。

氷を入れて飲むよりホッピーの風味が強く感じられ、以来、三冷ホッピーが定番になりました。

謎かけ好きの芸人と集い、ひたすら謎かけをする飲み会「謎かけナイト」では、店のホッピーが無くなるまで飲むことも……。

ホッピービバレッジの石渡社長がパーソナリティーを務めていらっしゃるラジオ番組に呼んで頂いた時に、「ホッピー大使」の認定状と共に「ねづっち」と名前の入ったジョッキを頂戴しました。

これは私の宝物です。

自宅では、このジョッキで毎晩、妻を相手に飲んでいます。

ホッピー好きの夫婦の消費量は凄まじく、毎月酒屋さんからホッピーを四ケース、八十本取り寄せています。

初めて注文した時、酒屋さんに「業者の方ですか⁉」と驚かれました。

美味しいホッピーを飲むために、毎日、仕事をしていると言っても過言ではありません。

最後に、ととのいました！「ホッピー」とかけて、デザートを食べ終えるととく、
その心は、プリン体無い（体内）。

プリン体がゼロというのも魅力の一つですね。

この原稿を書いていたらピンポ～ン！と家のチャイムが。

酒屋さんがホッピーを持ってきてくれました。

今夜も我が家の晩酌は盛り上がりそうです。

# 払拭された数々の「誤解」

野平一郎
作曲家、コンサート・ピアニスト、指揮者、音楽プロデューサー

ホッピー、この稀有な飲料についてはすでに三十年来の「付き合い」であるが、近年その度合いがより濃密となった。

若き日にフランスに留学して十二年も彼の地に住んでしまった私が、帰国して東京藝大に勤めることになり、家内と住んだのが大学のある上野に近い赤羽だった。とても庶民的な土地柄ということもあり、赤羽でも勤務地の上野でも焼き鳥屋や赤提燈に行けば、どこにも「ホッピー」の文字が……。

十二年ぶりの日本で幾分浦島太郎だったから、最初は当然ホッピーって何だろう?となった。まだ飲んだことのない私は、ビールや日本酒、焼酎なんかよりよっぽどアルコールが「強い」飲み物じゃないかと勘違いしてしまったのだ。フランスにも強くて洗練とは程遠い飲料は多く、ゴロワーズをふかしながら労働者が朝の六時七時からカフェのカウンターで「あおっている」ような、そんな間違ったイメージをホッピーに抱いてしまった（失礼‼）。

ほどなく、初めてホッピーを飲むこととなり、全くの誤解に基づくものであることを悟り、糖尿の私にはむし

ろ他のアルコール飲料に比べ、よほど最適で体に良い飲み物だとわかった。
こうしてホッピーとのお付き合いが始まった。黒ホッピーと白ホッピーがあるのも嬉しい。まるでパリにいる頃通ったビール屋のギネスのよう。慣れてくると黒と白を混ぜたりして楽しんだ。しかし最初にホッピーを飲んだ頃は、これは「下町」特有の飲み物で、都心に行くと、これを置いてあるところが少ないのではないかなどと、まだ誤解をしていた。

ホッピー本社ビルが赤坂にあること、そしてホッピーが都心どころかニューヨークやパリにも進出しようとしていることを詳しく知ったのは、数年前に赤坂に転居してからである。ホッピーの真の素晴らしさや、ホッピービバレッジの他の飲料を知ることになり、一挙に長年の誤解は払拭され、さらにその美味しさの虜となった。

あれよあれよという間に家内は石渡家と親しくなり、社歌まで作曲するという名誉に浴し、ホッピーはその創業者ご家族とのお付き合いを含めて、うちの家族にとってはもはや切っても切れない縁、より生活の一部へと溶け込むこととなった。

ホッピー七十周年とのこと、素晴らしい歴史を刻まれていることに心からのお祝いを申しあげます。

# ホッピーと石渡家と私

野平多美
作曲家、音楽評論家、お茶の水女子大学非常勤講師

〝ホッピー〟の味の深さは、作る人の心だと思う。その一本に、ホッピービバレッジ社員の一人一人の顔が見えると同時に、創業者の石渡家のみなさまの思いも感じる。

あるきっかけで八年前に赤坂に移り住んでから、今までテレビで見たことしかなかったホッピーと、創業した石渡家とお知り合いになった。するとどんどんその魅力に惹かれて、今ではとてもお親しく家族ぐるみのおつきあいをさせていただいている。何しろ、まさに私たち夫婦が現在住んでいる場所が、昔はホッピーの工場だったとか、赤坂五丁目交番の辺りが以前の石渡家のご自宅だったというのだから、とても親近感がわく。

初代社長、石渡秀氏の新しいことに挑戦する勇敢さ、それを確かなものとして引き継ぎ、地元赤坂の繁栄にも努めた二代目の光一氏、そして先代と先々代の素晴らしいお仕事を踏襲した上で、音楽、スポーツ、モータースポーツなどに貪欲に目を開いて、総合的に、かつ多面的に〝美味しい飲料〟をプロデュースする三代目の美奈女史という、ホッピーファミリーの気概にしばしば触れることができて、赤坂住まいが本当に楽しい。

さらに、光一氏が見初めて以来、お忙しい氏を支える良き伴侶であり、美奈女史の佳き母でもある石渡悦子さまの存在もかけがえのない光で、ホッピーファミリーを優しく包み込んでいらっしゃることも忘れてはならない。

ホッピー七十周年の祝賀の機会に社歌「輝けるホッピー」を作曲させていただいたことは、私にとって作曲家冥利に尽きる経験であった。ホッピービバレッジの社員のみなさまの〝心の言葉〟をつなげて、母、二宮真弓が補作をした生き生きとした歌詞は、すぐに音楽になって五線紙を埋めていった。

また、社歌の練習を重ねる時の社員の方々の豊かな声と表情は、いつも真摯で心を動かされる。赤坂本社でも調布工場でも、一日の終わりという時間に、仕事の疲れも見せずに元気な声を聞かせてくれる。これは、何をするにも全力投球という美奈社長の背中を日頃から見ているからであろう。そして彼らと一緒に歌う美奈社長は、一つの大きな家族のお姉さんのように輝いている。

こんなすてきな彼らがホッピーを作っていくのだから、ホッピービバレッジの未来は、夢と希望に溢れていることは間違いない。

Viva, ホッピー!

# 花の大阪で飲む江戸っ子のホッピー

林家正蔵
落語家

大阪は天満天神にある上方の定席、繁盛亭に桂梅団治師匠の落語会のゲストで伺った。

今から三十年ぐらい前は、上方の噺家が東京で会をやったり、江戸の落語家がゲストに呼ばれたり、東西の交流があまりなかった。ところがここ十五年ぐらいの間にその垣根もすっかりと払われて、情報誌をみても、上方の落語家さんが自分の独演会やらゲストで東京の高座に上がらない日がないくらい、東西の行き来がさかんになった。

とはいっても、大阪での高座はやはり緊張する。東京生まれ東京育ちの私ははたして上方のお客さんの好みに合うのかと。以前はどんなお江戸の名人が伺っても漫才や新喜劇の間にはさまってしまうと、客席から「おもろないわー」とか「はよう!下がれやー」なんて野次がとんだそうだ。

ところが落語ブームの全国的なひろがりで、きちんとした江戸落語も好きな関西人は近頃とても多い。しかし変な先入観はどうしてもぬぐいきれず、新幹線の車中で今日高座にかける噺をさらいながら、ちょっぴり不安な気持ちで大阪に向かう。

当日は、満員のお客様。しかもウケもよく、いい気分で高座をつとめることができた。その日は、近くに宿をとり上方の噺家さんたちとワイワイと楽しく打ちあげになった。梅団治兄さんが「好きなもん、ちゃんと用意してますんで。知り合いの東京の落語家にきいて、兄さんの好きなもん、ちゃんと手に入れましたので」と誇らしげ。本場のスジコンや串あげ、たこ焼き、お好み焼き。どれも私の大好物!!

しかし「好きなもの手に入れましたので」の好きなものとは、はたして何かしらと思っていたら、「ジャジャーン」というかけ声とともに目の前に出されたのがホッピーセット。「大阪の芸人が東京いってホッピーのんで、ええなーと感心してますわ」。串あげ、お好み、たこ焼きにもピッタリ。

「どうです、ホッピーはいいでしょ」と江戸っ子の鼻もその時ばかりは花の大阪で三寸ばかり高くなった気がした。

# 多様性と自由を象徴する「至福」の飲み物

三浦しをん
小説家

はじめてホッピーを飲んだのは、二十代前半のころのことだ。小田急線の町田駅前の、いまはなき焼き鳥屋さんでのことだった。

家族経営の小さな店で、とにかくお手ごろ価格だしおいしいので、いつも繁盛していた。活気づく店内。もうもうと立ちこめる煙。換気という概念はない。夏は出入り口の引き戸が開けっ放しなのでまだいいが、冬は焼き鳥を食べてるんだか客が焼き鳥と化しつつあるんだか、なんだかよくわからない混沌とした空間だった。

私は当時、町田市の古本屋さんで働いていて、店長さんや同僚と一緒に、仕事上がりによくその店へ行った。仲間が「ホッピー」という謎の飲み物を注文したので、ビールを頼むつもりだった私も、「なんだろう、胸躍る感じのネーミングだ。飲んでみようっと!」と宗旨替えしたのである。

ホッピー、むちゃくちゃおいしかった。

焼き鳥に合うし、「ナカ」と「ソト」というのも暗号めいていて楽しい。自分で配合を調整できるから、その日の体調と相談しながらアルコールを嗜めて、大変都合がいい。なによりも、ほんのりした苦みと、さわやかなる泡立ち! 一日じゅう、古本を運んだりレジで接客したりと立ち仕事をしたあとの体に、重ったるくなく染みわたる。

以来、いろんな飲み屋さんでホッピーを見かけると注文するようになったし、最近では家にもホッピーを常備している。

私は自宅で書く仕事をしていて、一仕事終えたときには、やっぱり飲みたくなる。けれど、「一仕事終えたとき」はたいがい、疲労と眠気も尋常ではないため、やはり自分でアルコール分の配合を調整できるホッピーが最適なのだ。軽めに作って、すっきり飲んで、寝床にもぐりこむのは「至福」としか言いようがない。

ひとにはそれぞれ、いろんな好みや事情がある。「どんな配合が好き?」「なにを組みあわせる?」と、わいわい語りあえるし、労働で疲れた心と体に優しく寄り添ってもくれる。

人々の多様性と自由を象徴する飲み物がホッピーなのだと、私は思っている。

# 飛び跳ねるような幸せ

前野隆司
慶應義塾大学大学院システムデザイン・マネジメント研究科教授

私はラッキーである。ホッピーミーナこと石渡美奈さん（以下、ミーナ）の、大学院修士課程の指導教員だったからである。慶應義塾大学では「半学半教」といって、すべての者は、半分学び、半分教える。教員も、学生も。つまり、皆平等に学び続けることが学問、という教えである。したがって、実は指導教員として何かを教えたというよりも、ミーナから多くを学ばせていただいた。にもかかわらず、ミーナは恩師と慕ってくれる。だからラッキーなのである。人を大切にし、礼儀正しいミーナ。

学位授与式の日、ミーナのご両親が嬉しそうに目を細めておられたことを鮮明に思い出す。お父様のことが大好きなミーナ。今年はお父様が天国に召された年なので、種々のイベントは自粛するのかと思っていたが、そうではなかった。お父様の天国からの声が聞こえたのだろう。「悲しんでいないで、前に進むミーナが一番素敵だよ」という声が。どんな時にもまっすぐに前を見据え、歩み続けるミーナ。

ホッピーに関しても、私はラッキーである。私はよく、ミーナが自ら作るホッピーを飲む機会がある。役得である。さすが本家本元。ミーナが作ってくれた正しい作り方のホッピーは、匠の技と魂がこもっていて、至福の味なのである。なんでも全力のミーナのホッピー。清々しい。幸せである。ホスピタリティーの人、ミーナ。

ホッピーという名称はホップから来ているが、幸福学研究者である私は密かに別の意味づけをして楽しんでいる。ホップ、ステップ、ジャンプのホップ。つまり、ホッピーには「飛び跳ねるような」という意味もある。

ホッピーハッピーとは、飛び跳ねるような幸せ。元気一杯の躍動感でホッピービバレッジ（飛び跳ねる飲料メーカー）を率いるホッピーミーナ（飛び跳ねるミーナ）。ホッピーとミーナは、これからも魅力的に弾け続けるのである。

# ホッピー、人生の味わい

茂木健一郎
脳科学者、作家、ブロードキャスター

「ホッピー」という文字や、ロゴを最初に知ったのは小学校の通学路だった。

小さな居酒屋さんがあって、ポスターが貼ってあったのである。なにしろ毎日通るから、「ホッピー」のイメージが心に刻まれた。

それから時間が流れて、大人になってから、ホッピーという飲みものの深みや奥行きを知ることになる。ホッピーを愛飲するようになっても、小学校の時に毎日見ていたポスターがフラッシュバックする。人間の記憶はふしぎなものである。

出版のS社の近くに、私の知り合いの編集者のKさんが行く居酒屋がある。そこは、ホッピーのためにあるようなお店で、夕方からお客さんが混み始める。

私はたいてい日が暮れるころに待ち合わせするけれども、Kさんはその前からカウンターでひとり、ホッピーを飲みながら原稿をチェックしたりしているのだという。

座ると、「ホッピーお願いします!」と声を上げる。ジョッキに入った焼酎と、ホッピーの瓶が運ばれてくる。透明な液体の中に、自ら褐色のホッピーを注ぎ込む。この、「自ら準備する」という感覚がたまらなく嬉しい。

焼酎とホッピーの調合割合については、人それぞれ流儀があるように思う。だから、私もKさんも、自分のホッピーは自分でつくる。そこに大げさに言えば人生観が反映される。

いわゆる「ナカ」(焼酎)と「ソト」(ホッピー)を頼むタイミングも人それぞれだ。私に比べて、Kさんはナカをたくさん頼むように思うけれども、酔ってくるとよくわからなくなる。

ホッピーには大人の流儀がある。時間を刻むリズムがある。健康に良いホッピーだが、脳も健やかに呼吸し始める。

ホッピーに込められた文化を、私たちは飲むことでリレーしている。そこには人生のほろ苦く、そしてやがて甘い味わいがあるようだ。

子どもの頃、通学路で見ていたポスターには、大人の惑いや夢があった。もうすっかり大人であることに慣れた私は、今宵もホッピーの中に人生の味わいを探りあてる。

# 芥川賞選考会裏話★ホッピー編

山田詠美
作家

二〇〇三年から芥川賞選考委員を務めています。お引き受けした当時は、三島由紀夫につぐ最年少委員などと言われ、緊張のあまり冷汗をかきながら発言する初々しさでしたが、今では、もう古株のポジション。すっかり落ち着いて、力の抜けた心持ちで選考に集中できるようになりました。

ここで、少し、選考会裏話を。

開始時刻の三十分ほど前から、委員たちは次々と会場に到着します。そして、選考を行う大広間に隣接する控えの間で、全員がそろうのを待つのです。その際、選考で白熱するであろう候補作品の話題は自然に避けられ、ニュートラルな気分を保つため、なるべくリラックス出来る他愛のないお喋りに終始するのが常。旅や食べ物について、あるいはゴシップなどなど……。

このところは、毎回、何故か必ずホッピーにまつわる逸話が語られています。

きっかけは、私と、同じく選考委員の奥泉光の二人によるホッピー談義。私たち、どちらも、自分のホッピー愛の方がより深いと信じて譲らないのです。ナカ（焼酎）の割合はこうでなきゃ、とか、黒より金が正しいとか、実はあの気取った店の裏メニューにもある、とか、ほんと、かまびすしいにも程がある！　って感じなんです。

そんな私たちにつられる格好で他の委員たちも話に加わっていたのですが、ある時、それまで黙って聞いていた高樹のぶ子さんが尋ねたのです。
「ねえ、そのホッピーってやつ、おいしいの？」
聞けば、博多在住の高樹さんは、ホッピーなる飲み物を見たことも聞いたこともないのだとか。ええっ⁉ と驚いて、ここぞとばかりにその魅力を語る私たち。感心したように頷く高樹さん。
解っていただけたようです、ええ。選考会終了後のお疲れ様会の帝国ホテルのバーで、私、ホッピー‼ と叫んでいましたから。ウェイターは目を白黒。忘れられない一夜です。

# 小股の切れ上がった「粋」な味

渡辺憲司
自由学園最高学部長、立教大学名誉教授

ホッピーは「小股の切れ上がった味」がする。

う〜ん。小股の切れ上がった……？小股ってどこ？

小股を、内股、うなじ、アキレス腱などと体の部位を詮索するのは野暮というものだ。厚化粧で色気たっぷりでもいけない。可憐な少女にも使うまい。

軽やかに、ぞくっと感じるような性的魅力であれば、多方面に使うことが出来るのだ。

永井荷風は、着物の着こなしがよく、立ち姿が軽快であっても色気を失わないことが大事だ、しなやかで、嫌みのない、きりりとした感性だと述べている。

「小股の切れ上がった」は、女性に対する美意識の表現と思っている人が多いであろう。風呂上がりの女性が濡れた髪を涼風になびかせ、杉の下駄をちょっと引きずり加減で小股に歩く。まずはこれが一般的な意味での、「小股の切れ上がった粋な女」だ。英語でも、woman with a good slender figure などと訳している。

しかし、これは女性に限った形容ではないのだ。例えば、幸田露伴は、作品「五重塔」の中では、股引《ももひき》をこざっぱりと着こなした威勢のいい勇み肌（鯔背《いなせ》）の若い職人を、「小股の切れ上がったいい男」などと記している。

祭囃子を屋台の上でたたく威勢のいい男、股引をびしっと決めた職人などにも「小股の切れ上がった」と使う

のだ。ジーンズのよく似合う若い男といったところだ。

大名行列の先触れで歩いた赤坂奴の意気のよさは江戸の名物だった。

赤坂芸者も張りのある粋な姿が魅力だ。

「小股の切れ上がった」姿は「粋」だ。

ホッピーの小瓶を見ていると、その立ち姿に、「小股の切れ上がった」という言葉を思い出す。「上善如水《じょうぜんみずのごとし》」

相手を立てるそんな言葉を「ニヤリ」とかみしめる。

そして、芯まで冷えたホッピーを一口飲む。

口の中をまずホッピーワールドで囲むのだ。仲間を抱きしめる一瞬の間がいい。

赤坂生まれのホッピーは、粋だ。

粋は、江戸で「いき」と読むのだが、語源的には「すい」と読む上方の用法が近い。

「粋」（すい）は「水」（すい）だ。相手に合わせてその人柄の個性を発揮させるのだ。どんな相手でも、胸の中に飛び込んで自分の色を失わない。町芸者の心意気だ。「小股の切れ上がった味」の心意気だ。

誰を仲間に飲もうか。

私が今まで出会った最高の「ナカ」は、沖縄の古酒《クース》。甕に数年寝かされた泡盛は、ややすえたいい匂いを放つ。

それが冷たいホッピーと混じり合う。口笛を吹く海人《うみんちゅ》のリズムに合わせて踊るしなやかな指の動き、小柄な女性のやや浅黒いうなじが揺れた。この時以来、ホッピーは、ウオッカと、スコッチと、もちろんブランデーとも仲間になった。

交淡如水《こうたんじょうすい》のホッピー。相手を立てる粋（すい）の交わりだ。然るが故に粋（いき）で、「小股の切れ上がった」切れ味がするのだ。

# MY HOPPY STORY

2020年8月16日発行

編　者　「HOPPY HAPPY AWARD」実行委員会
発行者　高橋栄一
発行所　都市出版株式会社
〒102-0072
東京都千代田区飯田橋4-4-12 ＮＢＣ飯田橋ビル6階
TEL03-3237-1790　FAX03-3237-7347
振替00100-9-772610
表紙デザイン　キュリオシップ株式会社
編集協力　ホッピービバレッジ株式会社
印刷・製本　株式会社学術社

ISBNコード：978-4-901783-79-8